Induced Mutation
and Spontaneous Mutation

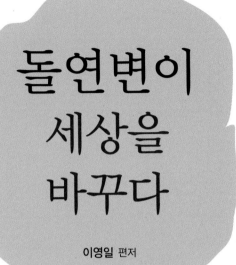

돌연변이
세상을
바꾸다

이영일 편저

 일진사

시작하는 글

평생을 한 우물만 파고 살아왔다. 지금은 융합 과학이라는 말까지 등장하였으니 그야말로 돌연변이 연구만을 일생 동안 해 온 저자는 지금 시대에 맞지 않게 살아왔다. 50여 년 연구 생활 동안 단행본 한 권 내지 못하고 살았으니 말이다. 존경하던 은사와 대학 시절에 유전학을 재미있게 공부했고 졸업 후 은사께서 교수의 자리를 떠나 연구소로 옮겨 연구에만 전념하셨는데 저자도 그 연구에 합류했던 것이다. 연구자는 오로지 연구에 진력해서 연구 논문을 열심히 써야지 책을 쓰는 것은 연구자 본연의 자세에 위배된다는 은사의 신념을 지키고 살아왔기 때문이다.

그런데 지금은 연구소를 은퇴한 지 14년이 지났다. 은퇴 후에 과학관에서 어린 아동에서부터 일반인에 이르기까지 해설 봉사와 초·중·고등학교 과학 특강을 하면서 과학 대중화에 노력하다 보니 한 우물만 파고 살았던 삶이 후회스럽지만은 않다는 것을 깨닫게 되었다. 그리고 여러 분야의 공부를 다시 하게 되었으니 소위 융합 학문 공부를 뒤늦게 시작하게 된 셈이다. 그것이 이 책을 쓰게 된 동기다.

자연 과학이 발전하면서 인류의 삶이 끊임없이 진화되고 있다는 걸 모르는 사람은 없다. 그러나 인류의 뇌 발전에 돌연변이가 관여하였다는 사실을 아는 사람은 많지 않다. 사람과 침팬지는 700만 년 전에 뇌와 관련이 있는 Neu5Ac 돌연변이 유전자 하나로 갈라졌고, 원시 인류인 오스트랄로피테쿠스의 뇌 용량이 450cc에 불과했던 것이 현대인은 1,450cc로 세 배나 증가하게 된 것 역시 자연 발생적인 돌연변이 때문인 것이다. 400만 년 전 오스트랄로피테쿠스 조상은 불을 사용할 줄 몰랐지만 200만 년 전 호모 에렉투스는 불을 사용할 수 있었는데 이 인류의 뇌 용량은 1,000cc로 진화된 상태였다. 또한 지금까지 DNA 서열 분석으로 밝혀진 바에 의하면 원숭이의 12번 염색체와 13번 염색체가 합쳐져 인간의 2번 염색체가 된 것으로 판명되었고, 여러 번의 돌연변이 과정을 거쳐 원숭이와 갈라졌는데 아직 밝혀지지 않은 더 많은 돌연변이 과정을 거쳤을 것으로 생각된다.

지동설을 처음 주장한 코페르니쿠스 시대의 인간의 삶과 현대인의 삶을 비교한다면 여러분은 어떻게 생각하겠는가. 화성 탐사선 큐리오시티에서 알파고까지, 발전하는 과학 기술은 인류의 삶을 바꾸고 있다. 열 권의 연재 소설책을 들고 다니면서 읽을 것인가, 아니면 한 손 안에 쏙 들어오는 휴대 전화에 담은 연재 소설을 읽을 것인가. 시력이 약한 사람도 글자를 자유자재로 확대하여 볼 수 있는 쪽을 택할 것인가.

2050년 지구촌의 인구는 90억 명이 넘을 것으로 예상된다. 현재 70억 인구 중 10억 명이 굶주림에 허덕이고 있는 실정인데 90억 인구의 먹거리를 어떤 방법으로 해결할 것인지 고민하지 않을 수 없다. 1970년대 이전까지는 가을 벼를 수확하여 간신히 겨울을 넘겼지만 보리 수확 전까지 먹고 살 식량이 없었기에 보릿고개라는 말이 있었다. 그래서 탄생한 것이 녹색혁명(green revolution)이다. 이 녹색혁명은 자연돌연변이를 이용한 일반 육종으로 해결하였지만 2050년의 지구촌 인구에 대비한 녹색혁명은 슈퍼 돌연변이를 만드는 유전자 혁명(gene revolution)만이 유일한 해결 방법이 될 것이라고 과학자들은 믿고 있다.

지금까지의 진화가 자연의 산물이었다면 2100년은 인간이 만드는 진화로 발전할 것이다. 자연에서 수백만 년에 걸쳐 이루어지는 진화가 단시간에 이루어지는, 소위 인위진화(induced evolution)의 탄생을 기대하고 있다. DNA 기술로 현 지구 상에서 사라진 매머드를 복원하여 8천만 년 전의 동물이 일시적으로 태어나는 현상을 저자는 인위적 진화라고 말한다. 진화론은 인간이 인간의 편에서 해석하는 자연 법칙이다. 생명과학기술로 탄생한 매머드가 자연에 적응할 것인지는 미지수고 인간에게 어떤 영향을 줄 것인지도 미지수다.

그러나 인위돌연변이가 급속도로 증가하고 있고 기술이 발전함에 따라 자연에서 발생하는 자연돌연변이를 능가하게 된 것은 사실이다. 이런 기술은 자칫 위험하다고 생각할 수도 있다. 위험을 극복하는 것이 인간이 도전해야 하는 임무이자 과제다. 위험을 감내하지 않고 이루어지는 것은 없다.

지구에서 처음 탄생한 생물은 성(性)이 없이 26억 년 동안 생존해 오다 12억 년 전에 성이 분화되어 암수로 나뉘었다고 알려져 있다. 제1장에서는 이 시기에 생물이 어떠한 방법으로 DNA를 전달해 왔는가를 돌연변이와 연관해서 해석하였다. 제2장에서는 모든 동물의 공통점은 무엇이며 동물마다 특성을 지니게 된 원인이 무엇인지, 우리 생활과 밀접한 관계가 있는 먹거리가 어떻게 만들어졌는지를 해석하였다. 제3장에서는 여러 동물의 유전적 변이가 형태적으로 나타나는 특성을 알아보았으며, 제4장과 제5장에서는 지구에서 생물이 변화해 온 과정과 캄브리아기의 대폭발이 어떻게 일어났는지, 왜 선캄브리아기의 생물은 큰 변화가 없었는데 캄브리아기에 생물 종이 폭발적으로 늘어났는지를 조명해 보았다. 제6장에서는 현생 인류의 조상은 누구이며 언제 어디에서 왔는지 그리고 과연 사람은 원숭이와 무엇이 다른 것인지를 유전학적으로 분석하여 알아보았다. 제7장에서는 20세기 녹색혁명은 무엇이며 해결 방법은 무엇인지 돌연변이의 역할을 알아보았다. 제8장에서는 인위돌연변이(induced mutation)가 무엇이며 어떻게 활용되어 왔는지를 기술하였다. 제9장에서는 인간의 유전 질병은 무엇이며 인간 게놈 프로젝트의 필요성에 대해서 알아보고, 2050년에 지구촌의 인구가 90억을 넘길 것으로 예상하고 있는데 이를 대비한 21세기 유전자 혁명에서 다룰 질병 치료, 먹거리 해결, 환경 개선 등의 연구 진척 사항을 제10장에서 소개하였다. 제11장에서는 지구에서 멸종되어 가고 있는 생물의 복원에 대하여, 제12장에서는 진화에 대한 인식 차이, 특히 과학과 종교와의 견해 차이를 알아 보았다.

이 책의 원고 작성에서 저자가 미치지 못한 부분까지 주제를 자세히 검토해 주신, 한국생명공학연구원에 오랫동안 몸담아 오셨던 이대실 박사님과 국립과천과학관 정원영 박사님에게 진심으로 감사드린다. 그리고 출간을 위해 원고의 문장, 오탈자 교정, 용어 선정 등 여러 가지로 많은 도움을 주신 과우회 이세용 님, 김경원 님, 신종오 님, 국립과천과학관 박효 님에게 감사드리며, 또한 이 책의 출간을 맡아 주신 일진사 이정일 대표님께도 감사드린다.

이 책은 저자가 국립과천과학관에서 전시물 해설 자원봉사를 해 오면서 저자의 전공과 부합되는 영역을 독자적으로 해석해서 쓴 것이기 때문에 다소간 오류가 있더라도 이 점 널리 양해 부탁드리며, 판이 거듭될 때마다 수정·보완할 것을 약속드린다. 하나 더 밝히고자 하는 것은 이 책을 출간하여 저자에게 돌아오는 저작권료는 모두 (사)과학사랑희망키움에 기부하여 청소년들의 과학꿈나무 육성에 조금이나마 보탬이 되었으면 하는 바람이다.

저자 이영일 씀

차 례

제1장

유전적 변이는 왜 생기는가

1. 지구 상 모든 생물의 유전자는 왜 다른가

지구 상의 모든 생물은 모양은 같아도 유전적으로 똑같은 것은 존재하지 않는다. 일란성 쌍둥이마저도 DNA는 100% 똑같지 않다. 그렇다면 왜 유전적으로 같은 개체가 없는 것일까. 모든 생물은 하나의 세포에서 출발하여 그 생물종의 특색을 지닌 단일 개체로 성장한다. 즉, 수정란 한 개의 세포에서 수십조 내지 수백조 개의 세포로 분열하여 결국 하나의 성체가 되는데 사람은 성인이 되었을 때 약 70조 개의 세포로 구성되어 있다고 한다.

세포가 증식한다는 것은 세포 분열을 통하여 이루어지는 것으로 이 과정은 매우 섬세하고 복잡한 경로를 거치게 된다. 세포가 증식하려면 먼저 세포 내에 있는 모든 구성 물질이 똑같이 둘로 나뉘어야 한다. 그런데 세포가 나뉠 때는 세포 내의 모든 물질이 두 배로 늘어나야 하므로 가장 기본적인 물질인 DNA가 먼저 두 배로 늘어나야 한다. 그 기본 물질인 DNA는 생명체의 기본 물질인 것이다. 미생물에서는 기본 물질이 DNA가 아니고 RNA인 경우도 있다. 이 기본 물질은 복제 과정을 거치는데 DNA건 RNA건 복제하는 과정을 거치면서 아주 미량이지만 잘못되는 경우가 발생하여 이것이 유전적으로 곧바로 표현되기도 하고 잠재되어 다음 세대로 전달되기도 한다. 생물은 본래의 유전 정보를 고스란히 똑같이 후대에 넘겨주려는 DNA의 본능을 지니고 있지만 복제하는 과정이 간단하지 않다. 염색체는 현미경으로 천 배 이상 확대해야 겨우 볼 수 있을 정도로 작지만 DNA 가닥을 펼쳐 놓으면 1.6m나 된다. 이 DNA 가닥은 암수의 것이 실타래처럼 꼬였다 풀리는 과정을 거치게 되는데 이때 DNA의 염기가 바뀌거나 또는 염색체 이상이 생기게 된다. 이것을 키아스마(chiasma)라 부른다. 키아스마는 이전에 없었던 암수의 유전자 교환의 수단이 되며 돌연변이가 발생하는 원인이 된다(그림 1-1). 정상적으로 세포 분열을 하여 멘델의 유전 법칙으로 해석한다면 후대는 암수가 가지고 있던 형질들이 각각 분리되어 우열 유전자만이 합쳐진 상태가 된다. 그러나 키아스마를 통한 유전자 교환은 비멘델의 유전 법칙으로 발생하는 돌연변이인 것이다.

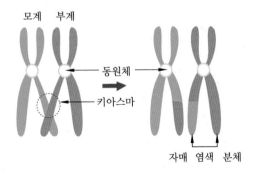

그림 1-1 **염색체 교차 현상**

DNA 염기 서열은 DNA 복제 과정이나 감수 분열에서 방사선, 바이러스, 트랜스포존(transposon) 등 그리고 화학 물질에 의해 돌연변이를 일으킬 수 있다. 돌연변이의 발생 빈도는 생물종에 따라 다르고, 어떤 바이러스 종들은 돌연변이 발생 비율이 높기 때문에 몇 세대 후에는 다양한 돌연변이종이 탄생한다. 이러한 돌연변이종 바이러스는 사람의 면역 체계를 피할 수 있어 바이러스 질병을 대처하는 데 어려움을 겪게 된다.

돌연변이의 대표적인 사례로는 염기 치환, 유전자 결실, 유전자 중복 등이 있다. 대부분 유전자들은 염색체의 동일 위치에 자리하고 있는데 이것을 상동성이라 한다. 원본 DNA가 복제되는 과정에서 발생하는 유전자 결실이나 유전자 중복은 상동성을 무너뜨려 유전자 변이가 생겨 다른 기능을 하도록 한다. 즉, 유전자 중복에 의해 새롭게 형성된 DNA 염기 서열은 결국 단백질 도메인의 순서를 바꾸고 그 결과 원본 DNA와는 다른 단백질을 만들게 한다.

대부분의 돌연변이는 불특정한 형태로 발생하기 때문에 개체에 이롭게 작용하는 형질은 자연 선택에 의해 남아 있게 되는데, 진화는 이런 결과가 누적되어 진행된다. 그러나 사람이 이런 형질을 선택하면 육종(breeding)이 되어 하나의 새로운 품종이 만들어지게 된다.

유성 생식을 하는 생물의 정자 또는 난자와 같은 생식 세포는 감수분열을 통해 생성된다(그림 1-2).

정자는 한 개의 정원세포에서 감수 분열을 거쳐 네 개의 정자가 되고, 난자는 한 개의 난원세포에서 한 개의 난자만 만들고 세 개의 세포는 퇴화해 버린다.

그 결과 자식 세대로 전달되는 유전자는 상동성을 갖고 있으나 각각 서로 다른 유전 형질을 갖게 되는 유전자 다양성이 발현된다. 두 유전 형질의 유전자가 너무 가깝게 위치하고 있을 경우, 유전 교차가 발생할 가능성이 적어지기 때문에 유전자 연관(linkage) 현상이 나타난다.

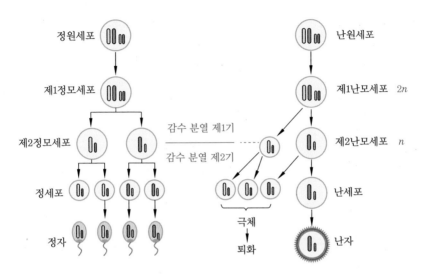

그림 1-2 **감수 분열을 거쳐 생성된 정자와 난자**

유성 생식을 하는 양성 생물의 경우, 자식 세대의 유전자는 부모의 반수성 염색체(n)가 합쳐져 체세포 염색체(2n)가 되는데 유전자는 같은 상동 위치에 쌍으로 배열되는 형태로 재배열된다. 이러한 유전자 재배열을 거쳐 자식에게 전달된 유전 형질은 분리의 법칙에 따라 유전된다. 유전자 재배열의 결과, 대립 형질이 변화하게 되는데 대립 형질의 어느 한쪽이 변하더라도 곧바로 형질이 변화되는 것은 아니지만 대립 형질의 유전자 자체는 변화될 수 있다. 유성 생식은 다양한 개체의 차이를 나타나게 하여 진화를 촉진하는 요소이다.

유성 생식을 하는 생물에서 각기 다른 기능을 갖는 대립 형질의 유전자가 짝을 이루는 염색체의 한 쪽씩에 위치할 경우, 각각의 대립 형질이 분리되어 유전한다.

상염색체 우성 유전은 쌍으로 되어 있는 염색체(dd) 중 하나에만 질병 유전 인자(Dd)가 있어도 질병이 생기는 유전으로 부모 중에 한 명이 망막 색소 변성이 있는 경우, 아들딸 상관없이 자녀 두 명 중 한 명에게서 병이 나타난다. 염색체 쌍 두 개에 모두 유전 인자가 있는 경우에는 자녀 모두 질병이 생기지만 이 질병을 가진 사람끼리 결혼하는 경우가 드물기 때문에 실제로는 거의 없다.

예를 들면 사람의 혀 말기 유전(그림 1-3)에서 유전자 짝을 이루는 상동 염색체의 우성 유전자 R과 열성 유전자 r이 합쳐져 Rr이 되면 우열의 법칙에 의해서 혀 말기가 되지만 rr이 같이 상동하게 되면 혀 말기가 발생하지 않는다.

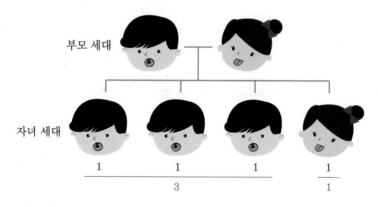

그림 1-3 **사람의 혀 말기 유전**

2. 인위돌연변이의 시작과 돌연변이와 진화 해설

허먼 조지프 멀러(Hermann Joseph Muller)는 1927년 초파리에 X-선을 조사(照射)하여 돌연변이를 만든 최초의 과학자다. 그런데 멀러는 돌연변이는 모두 불리한 것만 존재하는 것으로 이해한 것으로 짐작된다. 그러나 오랜 기간에 걸쳐 연구한 결과, 돌연변이는 불리한 쪽도 유리한 쪽도 무작위로 발생한다는 것이 알려졌다. 그러니 멀러가 생각한 것처럼 불리한 돌연변이만이 발생하는 것이 아니기 때문에 불리한 돌연변이는 도태되고 유리한 것은 살아남아 진화의 근원이 되기도 하는 것이다.

유전자의 관점에서 보면, 진화란 한 생물 종의 집단이 공유하고 있는 유전자 풀(gene pool)을 세대에서 세대로 물려주는 동안 그 안의 대립 형질의 발현이 변화되는 것을 뜻한다. 동일 생물 종 안에서 개별적인 그룹을 이루고 있는 집단, 예를 들면 나방의 경우, 대립 형질인 흰색과 검은색의 발현 비율을 생각할 수 있다. 어느 지역에 서식하고 있는 나방 집단이 처음에는 흰색이 많고 검은색이 적었는데 환경 변화에 따라 검은색 나방의 발현이 점점 더 많아져 대부분의 나방이 어느 순간 검은색 집단이 되었다고 하면 이 집단의 유전자 풀은 변화되었다고 할 수 있다(그림 1-4). 흰색 나방에서 검은색 나방으로의 변화는 돌연변이지만 유전자 풀을 바꾸는 것은 자연 선택에 의한 것으로 진화는 이와 같이 유전자 풀의 변화로 진행된다.

그림 1-4 **나방의 색 변이**

하디-바인베르크(Hardy-Weinberg)는 진화를 집단 유전학의 평형설로 설명하고 있다. 충분히 큰 집단의 유전자 풀에서 대립 형질의 발현 빈도가 오로지 유전자 재배열에 의해서만 일어날 때 그 집단의 대립 형질 발현 빈도는 평형을 유지한다. 하디-바인베르크의 평형설에는 (1) 무작위 교배가 이루어져야 한다, (2) 집단이 매우 커야 한다, (3) 돌연변이나 이주가 없어야 한다, (4) 자연 선택이 작용하지 않아야 한다, (5) 집단 간의 유전자 흐름이 없어야 한다는 다섯 가지 조건이 따르는데 (3)번의 '돌연변이나 이주가 없어야 한다'는 조건에 주목할 필요가 있다. 그러나 자연계에서는 환경의 영향을 비롯한 수많은 요인들이 대립 형질의 발현을 변화시킬 수 있는 원인이 될 뿐만 아니라 세포 분열, 특히 감수 분열 과정에서 오는 유전자 변이는 필연적이기 때문에 장기적으로 유전자 풀의 변화는 피할 수 없는 자연 현상이다. 즉, 멘델의 유전 법칙대로만 세대가 거듭 이어진다면 집단의 유전자 풀은 하디-바인베르크의 평형설과 같이 유전자 풀은 변화가 없어야 한다. 만약 돌연변이가 없다면 AA와 aa 개체가 교잡했을 경우 AA, Aa, aa가 1 : 2 : 1의 비율로 Aa 집단이 많아지겠지만 아무리 세대를 거듭해도 이 세 집단의 유전자 풀은 변하지 않는다.

3. 수컷 사자는 성장하면 왜 무리를 떠나는가

수컷 사자는 성장하면 원래의 무리를 떠나 다른 무리에 합류한다. 인간도 방랑자적인 성향을 지니고 있어 자신이 생활하고 있던 위치에서 멀리 떨어진 다른 곳으로 이동하려 하는 본능이 있다. 250t에 불과한 비글 호를 타고 대서양과 태평양, 인도양의 험한 바다를 건너 미지의 대륙에 상륙한 영국의 다윈에게도 방랑의 본능이 작용했으리라.

불과 50년 전만 해도 대륙의 오지에 거주하는 원주민은 외지인이 찾아오면 외지인과 추장의 아내를 동침하도록 하는 관습이 있었다. 식물은 자기 꽃가루를 받지 않고 다른 꽃가루를 수용하는,

소위 타화 수정을 한다. 이것이 바로 유전자 이동에 해당된다고 할 수 있겠다.

집단에 새로 들어온 개체는 그 집단의 유전자 풀에 변화를 가져오게 하고 대립 형질의 발현을 변화시키게 한다. 동일 종의 집단이었다 하더라도 환경이 다른 두 집단으로 격리된 상태에서 장기간 생활하면 유전자 풀은 서로 다르게 변화하게 되어 결국 서로 다른 종으로 분화하게 된다. 이러한 유전자 이동을 막는 격리의 원인으로는 산맥, 바다와 같은 지리적 요인이 있다. 다윈이 갈라파고스 제도에서 여러 가지 다른 모양의 부리를 가진 핀치 새를 보게 된 요인과 일치한다. 지금으로부터 약 170여 년 전 다윈은 비글 호 탐사 과정에서 갈라파고스 제도에 사는 핀치(finch) 새들이 같은 조상에서 유래했지만 서식지의 먹이에 따라 서로 다른 모양의 부리를 갖게 된 사실을 발견했다.

다윈은 이 관찰을 토대로 생물은 시간이 지나면서 각자의 자연환경에 맞게 적응해 진화한다는 주장을 담은 '종의 기원'을 1859년 출판하기에 이르렀다. 최근 스웨덴 웁살라 대학의 레이프 안데르손 교수는 핀치 새 13종, 총 120마리의 유전자를 분석해 'ALX1'이라는 유전자의 염기 서열의 배치 순서가 부리 모양을 결정한다는 것을 알아냈다. 연구팀은 또 핀치 새가 한 조상에서 나왔으며, 약 90만 년 전부터 부리의 모양이 달라지며 여러 종류로 진화했다는 점도 알아냈다. 핀치 새의 부리가 여러 종류로 진화하게 된 이유는 서로 고립된 다른 섬의 먹이 때문이며, 곤충·씨앗·선인장·과일 등 먹이에 따라 네 종류로 진화했다는 것이다(그림 1-5).

서로 고립된 섬의 환경에 잘 적응하는 부리로 형질이 변환된 새들끼리 짝짓기를 하면서 섬의 먹이 종류에 따라 점차 부리 모양이 진화했다는 것이다. 즉, 다윈이 주장한 자연 선택설을 뒷받침해 주는 유전자 분석 결과이다.

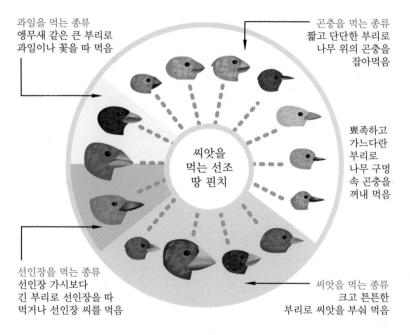

과일을 먹는 종류
앵무새 같은 큰 부리로
과일이나 꽃을 따 먹음

곤충을 먹는 종류
짧고 단단한 부리로
나무 위의 곤충을
잡아먹음

씨앗을
먹는 선조
땅 핀치

뾰족하고
가느다란
부리로
나무 구멍
속 곤충을
꺼내 먹음

선인장을 먹는 종류
선인장 가시보다
긴 부리로 선인장을 따
먹거나 선인장 씨를 먹음

씨앗을 먹는 종류
크고 튼튼한
부리로 씨앗을 부숴 먹음

그림 1-5 **갈라파고스 제도의 핀치 새 부리 모양**

진화가 이루어지는 중요한 원인은 자연 선택이다. 자연 선택은 환경에 적응하기 유리한 유전자가 다음 세대에게 전달될 확률이 높다는 것으로 그 결과 환경에 적응할 수 있는 유전 형질이 진화에 반영된다. 두 마리의 여우는 유전적으로 근소한 차이밖에 없다. 그러나 북극여우와 사막여우는 각기 다른 환경에서 선택된 형질이고, 형질 변화도 자연이 만든 변이이며, 또 자연이 그 환경에 적응할 수 있도록 선택한 형질이다(그림 1-6).

그림 1-6 **북극여우(왼쪽)와 사막여우(오른쪽)**

세대를 여러 차례 거듭하면서 일어난 돌연변이가 자연계가 선택을 지속하면 진화가 되는 셈이다. 자연 선택은 생물 집단 안에서 유전되는 개체의 차이가 있어야만 한다. 생존 경쟁에 유리한 유전 형질을 갖는 개체는 생존과 재생산에 성공하여 다음 세대를 유지하게 되어 유전 형질을 물려줄 수 있지만 불리한 유전 형질을 갖는 개체는 도태되어 버리고 사라지기 때문에 다음 세대에 유전 형질을 물려주지 못한다.

자연 선택에서 적응도를 지표로 나타내는데 이는 각 집단의 전 세대의 것과 다음 세대의 개체 수를 비교하여 비율로 나타낸 것이다. 자연선택에서 적응도가 높으면 그 유전 형질은 정착하게 되지만 적응도가 낮다면 해당하는 집단의 유전 형질은 도태되어 없어질 것이다.

집단 내에서 어느 한 대립 형질의 적응도가 점차 높아지는 것은 다른 대립 형질들의 수가 줄어드는 것을 의미한다. 이러한 현상이 계속되면 결국 적응도가 높아진 대립 형질이 그 종의 대표적 형질이 된다. 그러나 환경이 변하면 유전 형질이 갖는 기득권은 없어지고 적응도는 변화할 것이다.

진화는 모든 생물에게 일어나고 있다. 현재의 생물 개체들은 자연 선택에 대한 적응의 결과이다. 이러한 적응은 먹이를 찾고 포식자를 피하는 데 유리한 몸의 형태 변화 등과 같이 생물 개체가 살아가는 데 유리하도록 고착된 유전 형질의 결과물이다. 생물들은 이러한 적응 과정에서 공생과 같이 서로 협력하기도 한다. 오랜 기간 동안 이루어진 분열성 선택의 결과, 하나의 종이 서로 교배될 수 없는 다른 종으로 분화되기도 한다.

진화를 소규모 진화와 대규모 진화로 나누는데 소규모 진화는 개체와 유전자 수준에서 일어나는 현상이고 대규모 진화는 종 전체의 멸종 혹은 종 분화가 이에 속한다. 진화의 복잡성 증가는 전체 생물체의 수가 증가하면서 나타나는 가시적인 효과일 뿐이며 원핵생물과 같은 단순한 형태의 생물들도 여전히 존재하고 있다. 전체 바이오매스(biomass)의 절반을 차지하는 미생물들이 여전히 작은 크기를 유지하면서 생존하고 있다는 사실은 진화의 방향이 일방적이 아니라는 것을 시사한다. 생물 탄생 이후 일반적인 생물 형태는 단세포 생물이며 오늘날까지도 이러한 사실은 변함이 없다. 그러나 크고 복잡한 생물들은 눈에 띄기 쉽기 때문에 변화를 손쉽게 감지할 수 있어 진화의 연구 대상으로 부각되었지만 미생물은 진화의 속도가 빠름에도 불구하고 진화의 결과를 쉽게 감지하지 못하였기 때문에 부각되지 못하였다. 그러나 오늘날에는 DNA 분석 기술이 발달하면서 미생물의 진화에 대한 연구가 주목을 받게 되었고 활발하게 진행되고 있다.

제2장

유전자가 미치는 형태적 특성

1. 모든 동물의 공통점은 무엇인가

인간을 비롯하여 모든 동물의 공통점은 반드시 배아(embryo) 단계를 거쳐 고유의 특성을 지닌 새로운 독립 개체의 형태로 자란다는 것이다. 배아는 정자와 난자가 합쳐진 수정란이 세포 분열을 시작하여 머리-목-가슴-허리-엉덩이-다리 등의 순서로 형태가 완성되는데 이때 순서를 정해 주는 시계 역할을 하는 유전자가 작동한다. 이 유전자를 혹스(hox) 유전자라고 하는데 혹스는 호메오박스(homeobox)의 줄인 말로 '같은, 동일한'이라는 의미의 그리스어 호모스(homos)에서 유래하였다. 사람의 체형은 머리-목-가슴-엉덩이-다리 순서로 되어 있지만 오징어나 문어 등의 두족류(cephalopods)는 몸통 아래 머리가 있고 그 아래 다리가 있다. 몸의 각 부분이 순서에 따라 붙어 있는 것은 신체 각 부위를 담당하는 유전자들이 이미 순서대로 배치되도록 유전자가 관여하기 때문인데 이것이 바로 혹스 유전자(hox gene)로 밝혀졌다(그림 2-1).

이 공로로 1995년 미국의 유전학자 루이스(Edward Lewis) 외 두 명의 연구자는 노벨 생리의학상을 공동 수상했다.

호메오박스는 180개의 염기쌍이 상자 모양으로 뭉쳐 있어서 붙여진 이름인데, 유전 정보를 지닌 DNA를 원본으로 RNA가 만들어지는 전사 과정에서 일정 순서와 형태로 신체가 발달하도록 작용한다. 배아 세포 내의 DNA에는 신체 각 부위를 담당하는 혹스 유전자가 순서에 따라 결합되어 있다. 초파리는 머리, 가슴, 배의 순서대로 여덟 개의 혹스 유전자로 되어 있고, 인간은 서른여덟 개의 혹스 유전자가 머리, 목, 가슴, 허리, 엉덩이 순서로 연결되어 있다.

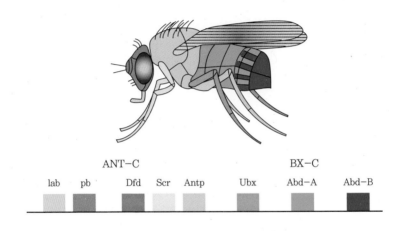

그림 2-1 초파리의 몸이 머리-가슴-배 순서대로 구성되는 이유는 혹스 유전자가 관여하기 때문이다(색깔별로 구분된 것이 각 신체 부위와 연결된 혹스 유전자다).

이들 체절은 48시간, 즉 이틀에 걸쳐 완성되는데 그동안 각 신체 부위는 서로 섞이지 않고 분명하게 구분된 채 자라난다. 타이밍이 조금만 어긋나도 머리와 다리, 목과 허리의 순서가 뒤바뀔 수 있다. 그러나 배아의 한쪽 끝부터 다른 쪽까지 연결된 체절은 순서를 어기지 않고 차례대로 생겨난다. 혹스 유전자의 정교한 '시계 장치' 때문이다.

배아 세포 내에는 DNA 가닥이 실타래처럼 감겨 쉬고 있다가 혹스 유전자의 작동에 따라 머리 부위가 처음으로 생겨난 다음 각 체절에 필요한 유전자가 순서대로 활성화되어 머리 다음에는 목 부위의 경추, 가슴 부위의 흉추, 허리 부위의 요추 등 척추 뼈가 차례차례로 이어지는 식이다.

2. 뱀은 왜 다리가 없는가

뱀은 목, 허리, 꼬리의 구분 없이 기다란 척추 뼈만을 가진 기이한 동물이다. 이유는 혹스 유전자에 변이가 발생했기 때문이라는 것이 밝혀졌다. 머리 다음에 목을 만드는 과정에서 혹스 유전자가 제대로 작동하지 못해 반복적으로 목뼈만을 만들어 내기 때문에 다리도 없이 기다란 몸체만 생겨난다는 것이다. 뱀은 다른 동물과 비교하면 기형인 셈이다. 일반적으로 배아가 자라는 도중 이 혹스 유전자에 변화가 생기면 기형이 나올 수 있는 것이다.

진화 과정에서 어떻게 동물들이 변화되었는지 알게 해 주는 중요한 유전적 단서가 바로 혹스 유전자에 있다. 또 다른 사례로 약 4억 년 전 돌연변이로 인해 혹스 유전자의 염기 서열이 바뀐 결과, 온몸에 다리가 달린 갑각류에서 다리가 여섯 개 달린 곤충류로 진화했다는 연구 결과도 발표되었다. 무척추동물인 곤충에서는 혹스 유전자가 다리, 날개, 혹은 촉수의 형성에 관련이 있는 것으로 밝혀졌다. 다리가 여섯 개인 초파리와 다리가 스물두 개인 새우도 혹스 단백질 중 하나인 Ubx에 기인하는 것으로 알려졌다. 즉, 초파리의 Ubx 아미노산 서열이 새우의 Ubx 아미노산 서열과 달라 현존하는 초파리나 새우의 다리로 구별되었다는 얘기다(그림 2-2).

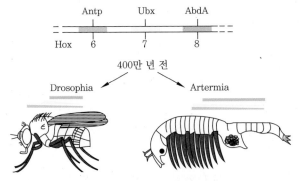

그림 2-2 **4억 년 전 갑각류에서 진화한 곤충**

또한 초파리에서 이 유전자의 변이로 여러 가지 형태의 초파리 돌연변이를 관찰할 수 있다(그림 2-3, 2-4).

모든 동물은 혹스 유전자를 공통적으로 가지고 있다. 이 유전자는 기관 발생의 핵심 유전자로 동물의 체형 형성에 관여한다. 혹스6 유전자는 흉부의 갈비뼈를 생성케 하고, 혹스10 유전자는 흉부의 갈비뼈 형성을 억제하는 것으로 알려져 있다. 그래서 혹스6 유전자가 복부에서 발현되면 복부에 갈비뼈가 형성되는 기이한 현상이 발생하기도 한다. 또한 이 혹스6 유전자는 무척추동물에서는 날개, 촉수, 다리 등의 형성에 관여하는 것으로 알려져 있다.

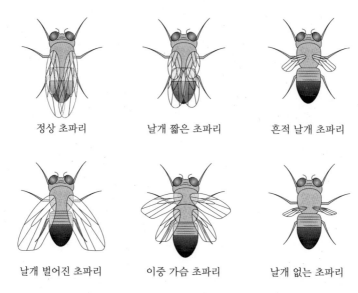

| 정상 초파리 | 날개 짧은 초파리 | 흔적 날개 초파리 |
| 날개 벌어진 초파리 | 이중 가슴 초파리 | 날개 없는 초파리 |

그림 2-3 **혹스 유전자 돌연변이에 의한 여러 형태의 초파리들**

그림 2-4 **혹스 유전자에 의해 촉수가 다리로 변화된 초파리 돌연변이**

혹스 유전자는 모든 동물에서 신체 축을 따라 구조 형성에 중추적인 역할을 하며, 혹스 유전자 발현의 변화는 척추동물의 체제(body plan)에서의 다양성과 직접적으로 관련되어 있다. 도마뱀 및 뱀과 같이 비늘을 가진 파충류에서 혹스 유전자군(hox cluster)은

트랜스포존에 축적되어 있으며, 암호화 및 비암호화 조절 부위에서 유전체(genome)가 재배열한다는 것이 밝혀진 바 있다. 또한 구렁이와 채찍꼬리도마뱀 간 발현의 비교 분석(comparative expression analysis)에서도 서로 다른 축 골격을 확인할 수 있으며, 혹스13 및 혹스10 유전자들이 발달 중에 뱀 배아의 꼬리 및 흉곽 부위에서 발현되는 것으로 확인되었다. 혹스 유전자군의 구조 변화는 형태적인 방사상 배열을 형성하는 것으로 여겨진다.

3. 기린의 목은 왜 길어졌나

기린의 목이 길어진 원인을 유전체 연구에서 찾았다. 기린과 말처럼 생긴 동물인 '오카피(okapi)'의 유전체 서열을 비교·분석한 결과, 기린의 'FGFRL1' 유전자에 변이가 발생한 것을 발견하였다. 이 유전자의 변이가 기린의 긴 목을 만드는 데 직접적인 영향을 끼쳤을 것으로 보고 있다(그림 2-5).

이 유전자는 사람과 쥐에도 있는데 주로 목의 길이를 조절한다고 알려져 있다. 또한 기린의 배아에서 조직이 만들어지고 자라는 과정에서 중요한 역할을 하는 HOXB3, CDX4, NOTO 유전자에서도 변이가 발견되었다. 이 유전자들의 변이가 기린의 목이 길어지는 데 영향을 미쳤을 것으로 추정하고 있다. 한편 FGFRL1 유전자는 심혈관계를 발달시키는 것으로도 알려져 있다. 기린은 심장에서 뇌까지의 거리가 2m나 되기 때문에 혈액을 멀리까지 내보내기 위해서는 심장에서 큰 힘을 내야 한다. 유전자 변이로 인해 기린은 온몸에 혈액을 잘 보낼 수 있을 정도로 강한 심장을 갖게 되었다.

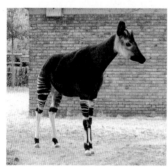

그림 2-5 **오카피(왼쪽)가 FGFRL1 유전자 변이로 목이 2m나 길어진 기린**

겉모양과 기능은 다르지만 해부학적으로 또는 발생학적으로 그 기원과 기본 구조가 같은 기관을 상동 기관(相同器官)이라고 한다. 척추동물의 앞다리 형태를 비교해 보면 사람의 팔, 개의 앞다리, 고래의 가슴지느러미, 박쥐의 날개, 새의 날개는 모양이나 기능은 매우 다르지만 구조에 있어서는 뼈의 종류와 수, 결합 양식 등이 모두 같고 비율, 결합 부위, 소실 부위 등에서만 차이가 나타난다. 또 사람과 고래, 돼지, 기린 등의 포유류들은 모두 일곱 개의 목뼈를 가진다. 식물에서도 비슷한 사례가 있다. 완두의 덩굴손과 선인장의 가시는 기능은 다르지만 모두 잎이 변해서 된 것이며, 탱자나

무의 가시와 포도의 덩굴손은 모두 줄기가 변해서 된 것이다.

상동 기관은 배아 발생 단계에서 같은 기원을 갖는 구조이며, 이것은 이들의 진화적 기원이 같다는 것을 말해 준다. 다시 말해 이는 공통의 조상으로부터 진화되어 왔다는 것을 의미한다. 상동 기관은 다른 환경에 적응하는 과정에서 각기 다른 방향으로 진화가 일어난다는 것을 설명해 주는 중요한 증거이다.

4. 인류의 먹거리는 어떻게 만들어졌나

옥수수의 조상은 멕시코, 과테말라 및 니카라과에서 발견되는 옥수수속(Zea) 일종의 식물인 테오신테(teosinte)이다. 현대 유전학 연구 결과에 따르면 단일 tb1 유전자의 돌연변이로 곁가지가 옥수수로 변이되어 야생 테오신테가 지금의 옥수수로 탄생한 것으로 밝혀졌다.

테오신테는 지금의 옥수수와 전혀 닮지 않은 야생 식물이다. 테오신테의 곁가지가 옥수수 자루로 변형되어 오늘날 세계 3대 작물의 하나가 된 셈이다(그림 2-6). 염색체 수는 두 식물이 같다.

3대 작물 중 하나인 벼는 우리의 주식 작물이다. 오늘날의 재배 벼는 같은 조상에서 분화된 서로 다른 두 가지 야생종에서 각각 독립적으로 약 2~3백만 년 전에 아시아 재배종인 사티바(Oryza sativa) 종과 아프리카 재배종인 글라베리마(Oryza glaberrima) 종으로 진화되었다고 보고 있다(그림 2-7).

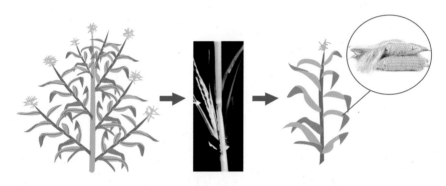

그림 2-6 야생 테오신테로부터 변형된 현재의 주곡인 옥수수

그림 2-7 야생 벼의 이삭(왼쪽)과 재배종 벼의 이삭(오른쪽)

서아프리카 일부 지역에서만 재배되고 있는 아프리카 벼와 달리 전 세계적으로 널리 분포하고 있는 아시아 벼는 다시 크게 두 가지 생태종인 자포니카(Japonica) 벼와 인디카(Indica) 벼로 분화·발달

하게 되었다. 자포니카 벼와 인디카 벼는 같은 조상에서 분리되었음에도 서로 교배가 안 될 정도로 달라진 생태종이다. 교배가 안 된다는 것은 염색체에 변이가 일어난 경우라고 보는데 SSR 분석을 통해서 유전자형을 검정한 결과, 내건성 형질이 우수한 자포니카형 밀양 23호 계통들의 염색체 3번, 7번, 12번 등에 O. glaberrima 염색체 단편이 유입된 것을 확인한 바 있어 자포니카 재배종 벼는 아프리카 야생종의 염색체가 합쳐진 돌연변이인 것이다.

현재 지구 상의 전 인구가 먹는 주요 채소 중 하나가 양배추이다. 야생 겨자에서 개량된 채소로 케일을 비롯하여 콜라비, 브로콜리, 콜리플라워 등 수많은 변이종들이 이 양배추에서 탄생하였다. 콜리플라워와 브로콜리는 MADS-box 유전자에 속하는 혹스 유전자 BoAP1의 변이에 의해 이루어진 것으로 밝혀졌으며 콜라비, 브뤼셀 등도 같은 원인으로 추측되며, 이들은 자연 발생의 돌연변이를 자연이 선택한 것이 아니라 인간이 선택한 산물이다(그림 2-8).

야생 겨자　　케일　　양배추　　콜라비　　브뤼셀　　브로콜리　　콜리플라워

그림 2-8　**야생 겨자(맨 왼쪽)에서 변이된 각종 채소들**

아마도 자연에서는 이런 변이가 선택될 수 없고, 있다 하더라도 적어도 수백만 년이 걸렸을 것이다. 그러나 인간은 불과 천여 년 만

에 다양한 변이를 만든 것이다.

인류가 주식으로 하는 밀은 외알 밀(AA)과 야생 밀(BB)이 교배된 후에 A와 B가 분리되어 원래 상태로 되돌아가야 하는데 이때 염색체 A와 B가 분리되지 못하고 AB 상태에서 배로 증가해서 AABB의 돌연변이가 되었고 이 돌연변이에 또 하나의 야생 근연종(DD)의 게놈과 합쳐서 빵 밀(AABBDD)이 된 것이다(그림 2-9). 현재 재배되고 있는 밀은 결국 두 번의 돌연변이 과정을 거쳐 탄생한 것이다.

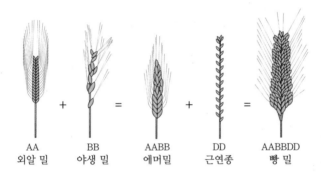

| AA | BB | AABB | DD | AABBDD |
| 외알 밀 | 야생 밀 | 에머밀 | 근연종 | 빵 밀 |

그림 2-9 **세계인의 주식인 빵 밀은 세 종의 게놈이 모여서 탄생한 돌연변이**

갓(AABB)은 배추(AA)와 겨자(BB)의 게놈이 합쳐진 것이고, 유채(AACC)는 배추(AA)와 양배추(CC)의 게놈이 합쳐진 것이다. 염색체 수로 보면 배추의 생식 세포 열 개, 겨자의 여덟 개가 합쳐져 갓의 염색체는 열여덟 개가 되어야 하는데 갓은 서른여섯 개의 체세포 염색체를 가진 작물이다. 또한 유채는 배추 열 개와 양배추 아홉 개의 성염색체가 합쳐지면 열아홉 개의 체세포 염색체가 되어야 하는데 유채의 체세포 염색체는 서른여덟 개이다. 종·속간잡종 식물인데 콜히친(colchicine) 처리를 하여 모두 염색체를 배로 늘려 임성 (稔性)을 회복시켰기 때문에 잡종 식물의 종을 유지할 수 있게 된 것이다. 이런 현상은 돌연변이가 아니고서는 이루어질 수 없는 염색체 조합이다. 최근에는 배 배양, 원형질체 배양 등의 기술을 동원하여 보다 쉽게 종·속간교잡을 용이하게 성공시키고 있다. 양배추는 야생 겨자의 생식 세포 염색체 여덟 개에 한 개가 추가되어 아홉 개인데 추가된 한 개의 염색체는 어느 것에서 온 것인지 분명치가 않다. 야생 겨자의 세포 분열에서 불균등 분열의 결과에서 온 것이 아닌가 생각된다. 우리가 삶을 유지하기 위해 일상에서 매일 먹고 있는 농작물은 이런 배수체 작물이 많다. 밀을 비롯하여 감자, 바나나, 토마토, 유채, 갓, 사탕수수 등이 있고 꿀벌에도 배수체가 있는데 이런 배수체는 모두 돌연변이에 해당한다.

바나나는 Musa×paradisiaca라고 표기한다. 이는 M. acuminata의 야생종 바나나 AA염색체와 M. balbisiana의 야생종 바나나 BB염색체가 합쳐진 잡종(A×B)이다. 바나나는 염색체가 AA, BB, AB 외에도 AAA, AAB, AABB 등 재미있는 염색체 배열을 보인다. 우리가 주로 먹는 '캐번디시' 바나나 등 달고 맛있는 과일용 바나나는 대부분은 AAA 그룹에 속한 3배체 품종이어서 마치 씨 없는 수박처럼 씨가 없다. 이 바나나는 씨가 없기에 증식에 문제가 있다. 예전에는 한 그루터기에서 나오는 3~5주의 새끼 싹을 나누어 심어야 하기 때문에 증식 속도가 워낙 느려 대량 재배가 불가능했다. 그러나 지금은 생장점 배양을 통하여 1년에 수백만 그루까지 번식이 가능하게 되어 대량 생산에 문제가 없게 되어 세계 과일 생산 1위를 점하고 있다. 바나나는 우리가 즐겨 먹는 과일용 바나나 이외에 조리용 바나나가 있어 열대 지방에서는 식량으로 활용하고 있다. 바나나는 비타민 U라는 별명을 가지고 있는데 이는 위궤양에 효험이 있다고 해서 붙여진 이름이다.

예전에 닭은 1년에 달걀을 50~60개 낳는 것이 일반적인 현상이었으나 현재는 200~250개를 낳는다. 이처럼 개량종을 만드는 데 여러 가지 수단이 동원되었고 이는 일반 유전 현상으로는 불가능한 일이다. 닭의 머리는 품종이나 계통에 따라 그 모양이 다른데 닭의 머리 모양은 볏과, 고기수염이라고도 하는 육수(肉垂)에 의해 결정된다. 볏의 모양에는 단관, 완두관, 장미관, 호두관, 모관이 있는데 볏의 모양은 유전 변이에 의해 결정된다(그림 2-10).

그림 2-10 닭의 여러 가지 볏 모양

에쿠우스는 그 생김새가 우리가 흔히 알고 있는 주변의 말들과 아주 흡사한 현대 말의 직계 조상이다. 현대 말의 학명은 Equus ferus caballus이다. 에쿠우스의 발가락은 오직 한 다리에 한 개뿐이며, 크고 튼튼하게 발달되어 있다. 하나 남은 발톱이 바로 크고 둥글고 단단한 형태의 말발굽인 것이다. 오클라호마 주립 대학의 연구 결과에 따르면 인류가 최초로 길들여 사육한 말은 아시아의 에쿠우스로 때는 기원전 3,000~4,000년 전으로 추정된다. 그후 인류의 정복 활동이 심화됨에 따라 고기와 우유로 주로 쓰이던 것을 넘어 첫 번째로 말은 이동 수단에 이용되는 동물이 되었다. 전쟁에서 기마병은 승패를 좌우할 만큼 중요한 위치였고 자동차가 등장하기 전에는 주로 원거리 이동 수단으로 필수적인 역할을 담당했다.

현대 차는 말을 상징하는 차 이름을 두 번이나 붙였다. 첫 번째는 70년대에 출시된 포니이고, 현재 대형 승용차에 에쿠스라는 이름을 달고 질주하고 있다. 포니는 자그마한 조랑말을 의미하는데 에쿠스는 대형차의 상징이다. 그런데 에쿠스라는 말의 어원은 현대 말의 조상을 의미하는 것으로 결코 현대의 말처럼 대형 말은 아니라고 본다. 여기서 말에 대한 이야기를 하려는 것은 아니고 말과 당나귀 사이에서 태어난 노새 이야기를 하려고 한다. 당나귀는 말아속에 해당하는 동물이다. 그러므로 노새는 속간잡종에 해당하는데 노새의 염색체 수는 말에서 서른두 개, 당나귀에서 서른한 개를 받아 태어났기 때문에 예순세 개가 된다. 암컷 말과 수컷 당나귀 사이에서 태어난 것은 노새이고 반대로 암컷 당나귀와 수컷 말 사이에서 태어난 것은 버새라고 한다. 이처럼 염색체 수가 홀수인 경우는 염색체 대합 과정에서 짝을 이루지 못하므로 정상적인 난자와 정자를 생산할 수 없다. 그러므로 후대를 만들 수 없으며 이러한 염색체 변화는 돌연변이에 해당된다.

5. 애완용 개는 왜 그토록 다양한 형태를 지니고 있나

개(domestic dog)는 인간의 손에 의해 생성된 동물이다. 가장 오래전에 가축화된 것으로 여겨지는 동물이며, 현대에도 고양이 (Felis silvestris catus)와 함께 대표적인 애완동물 또는 반려동물로 널리 사육되고 사랑받고 있다. 현재 국제 축견 연맹(FCI)에서는 331 견종을 공인하고, 그중 176 견종을 등록하여 기준을 정하고 있다. 전 세계적으로 약 4억 마리의 개가 있는 것으로 추정되고 있다. 개의 혈액형은 여덟 종류가 있다. 염색체는 일흔여덟 개(2n)이고 이것은 서른여덟 개의 상염색체와 한 쌍의 성염색체로 구성된다. 이것은 같은 개속의 들개, 늑대류, 자칼류, 코요테류 등에서도 일반적이다. 종간 교배가 가능하며, 이 잡종은 생식 능력을 갖고 있지만 행동학적으로 생식 전에 격리가 일어나고 또한 지리적으로 격리되어 있다. 자칼류는 주로 아프리카와 아시아에, 코요테류는 북아메리카 대륙에 분포한다. 우리는 반려동물인 개를 야생 늑대가 길들여진 동물이라 알고 있는데 전 세계의 개 67종 140마리와 늑대 162마리를 대상으로 DNA를 분석한 결과, 단 1%만 다른 것으로 나타났다. 또한 개의 미토콘드리아 DNA를 분석한 결과, 개와 늑대가 분리된 시기는 13만 5000년 전이라는 것이 밝혀졌다. 수컷의 Y염색체를 분석한 결과, 처음 길들여진 곳은 양쯔 강 남부 아시아로 확인됐다. 하지만 미토콘드리아 분석에 따라 다른 의견을 제시하는 주장도 있어 개가 길들여진 지역은 논란이 있다. 지금의 개가 늑대가 길들여진 것이 아니고 늑대 이전의 조상에서 분리되었다는 해석이다.

그런데 개는 오랜 기간에 걸쳐 인간의 취향에 맞게 인간의 통제를 받아 오면서 길들여지는 과정을 거치게 되었다. 즉, 인간에 의해 생식 환경이 통제되면서 순수 혈통을 유지하기 위하여 근친 교배를 시작하게 된 결과, 지역 격리와 동일한 효과를 나타내게 되어 여러 품종으로 분리된 것으로 보인다. 마치 다윈이 관찰했던 갈라파고스 제도 10여 개 섬에서 관찰한 핀치 새처럼 섬 지역 격리로 인하여 여러 종류로 나뉜 것과 같은 현상이 발생한 것이다. 섬에 정착한 핀치 새는 그 수가 많지 않았을 것이므로 근친 교배가 불가피했을 것이고 그러므로 유전적으로는 큰 차이가 없으면서 유전자 조합만 다른 형태로 분리되었을 것이다. 애완용 개의 생태종이 그처럼 많은 것은 인간의 보호가 작용했기 때문이고 이는 자연에서는 결코 있을 수 없는 현상이다.

세계에서 가장 큰 견종으로 꼽히는 것은 독일산 그레이트데인 종으로 무려 키가 213.36cm에 몸무게는 76kg에 달한다. 반면 가장 작은 견종인 치와와는 키 18cm에 몸무게는 800g이다(그림 2-11).

개의 후각은 매우 발달하여 마약 색출, 폭발물 색출, 재난 구조

등에 이용되고 있다. 인간의 코에는 500만 개의 후각 세포가 있으나 개의 콧속에는 2억 2,000만 개가 있다고 한다.

그림 2-11 **가장 큰 개(왼쪽)와 가장 작은 개(오른쪽)**

그런데 개와 아프리카코끼리를 비롯해 오랑우탄, 쥐, 개 등 포유동물 13종의 후각 수용체 단백질을 만드는 OR 유전자(OR : Olfactory Receptor)를 비교해 본 결과, 놀랍게도 아프리카코끼리에 약 2,000개에 달하는 OR 유전자가 있고 개는 1000여 개, 인간과 침팬지는 400여 개에 불과한 것으로 나타났다. 코끼리는 냄새를 잘 맡기로 유명한 개보다 OR 유전자를 두 배 이상 많이 가지고 있으며 청각 역시 비교적 날카롭다.

또한 가청 주파수는 40~47,000Hz로 인간의 20~20,000Hz에 비해 고음이 넓다. 전반적으로 높은 지능을 갖고 있으며 품종에 따라 더 뛰어난 학습 능력을 보여 준다. 대체로 기억력도 높은데, 예를 들어 광견병 예방 접종을 받은 개는 다음 연도의 광견병 예방 접종을 하러 갈 때 패닉을 일으킬 수 있다. 시행착오를 겪을 수도 있는데, 예를 들면 탈출하기 위해 목걸이 호크를 바닥에 문질러 호크가 빠지게 하는 시도를 하거나 실내에서 실례를 했을 때는 다른 물건을 올려 대변을 숨기고 시치미를 떼는 등의 행동을 보일 수도 있다.

　오랜 기간 개들은 인간의 인위적 격리에 의해 살아오면서 유전자의 작은 차이에도 불구하고 여러 가지 많은 형태로 나뉠 수가 있어 개만큼 단일 종이 다양한 형태를 지닌 동물은 없다고 본다. 형태적 차이뿐만 아니라 지능적 차이도 큰 것이 사실이다. 그리고 미래에는 인간의 필요 목적에 따라 더욱 개량된 개가 등장할 것이다. 가령 지능을 인공적으로 향상시킨 개, 썰매 끄는 데 더 강력한 힘을 가진 개, 후각이 유달리 발달된 개 등 고급 애완용 맞춤형 돌연변이 개가 등장할 것으로 예상된다.

제3장

유전적 변이의 생성

1. 유전자와 변이

DNA의 가장 중요한 점은 부모와 자식 간의 세대를 이어 준다는 것이다. 생명체는 오랜 세월 동안 변이를 통하여 진화를 거듭해 왔고, 그 유전 물질이 현재까지 이어져 왔으며, 지구 상에서 생명체가 사라지지 않는 한 DNA는 계속 전달될 것이다. 지구 상의 모든 생명체들이 DNA를 유전 물질로 받아들인 공통 조상에서 나왔다. 이는 DNA 속에 담겨 있는 유전 암호 체계가 동일한 데서부터 알 수 있다. 유전 암호는 세 개의 염기 서열이 하나의 아미노산을 암호화하고 있는데 이때 사용하는 암호 체계가 세균과 사람에서 모두 같다는 말이다.

DNA의 또 다른 놀라운 능력은 전능성(totipotency)이다. 한 개의 세포로 이루어진 수정란이 세포 분열을 통해 수많은 세포로 증식하는데, 이때 세포들은 다양한 구조와 기능을 가진 체세포들로 분화할 수 있는 전능성을 가진다. 세포 분화 과정을 좌우하는 전능성이 바로 DNA로부터 나오며, 분화된 세포들이 조직을 이루고 기관 및 기관계를 형성하면서 하나의 완전한 기능을 하는 생명체를 형성하게 된다. 이러한 과정은 오로지 배아 자체에 있는 유전 정보를 이용하여 발생한 결과이기도 하다. 이러한 유전 정보에 의한 발생 과정은 모든 동물뿐 아니라 식물이나 세균의 생식과 발생 과정에서도 마찬가지다.

　DNA가 진화적으로 매우 중요한 또 다른 이유는 변이의 원천을 제공해 준다는 것이다. DNA의 염기 서열이 바뀌거나 염색체의 구조나 수가 변함으로 인해 새로운 변이가 만들어지고 이러한 변이들이 환경 변화에 따른 자연 선택을 통해 살아남거나 죽는 과정이 일어나게 된다. 그 과정이 오랜 시간 동안 반복되면 유전자 풀이 변하고 기존 그룹과는 생식이 불가능한 새로운 종으로의 분화가 일어나게 된다.

　핵산은 스위스의 생리학자 F. 미셰르(F. Miescher, 1844~1895)에 의하여 1869년에 처음으로 발견되었다. 미셰르는 세포의 핵 속에 들어 있는 물질을 분석하기 위해 적당한 재료를 찾다가 병원에서 붕대에 묻어 나오는 고름을 택하였다. 미셰르는 이 고름에서 핵 성분을 분리·추출하여 분석한 결과, 강한 산성(酸性)을 나타내며 인(燐)을 함유하는 유기 화합물이 들어 있음을 알고, 이 물질에 뉴클라인 (nuclein)이라는 이름을 붙였다. 이 뉴클라인은 그 후 핵 속에 들어 있는 산성 물질이라는 뜻에서 핵산(nucleic acid)이라 불리게 되었고 이 물질은 모든 생물의 세포핵 속에 공통적으로 존재한다는 것이 밝혀졌다.

DNA 구조와 기능

　DNA(deoxyribonucleic acid)는 세포의 핵에 들어 있고, 핵은 DNA 이외에 단백질, 당, 인 등으로 구성되어 있다(그림 3-1). 세포의 생활 주기에 따라 형태가 변하는데 간기에는 긴 가닥을 이루고 분열기에는 염색사로 뭉치게 된다.

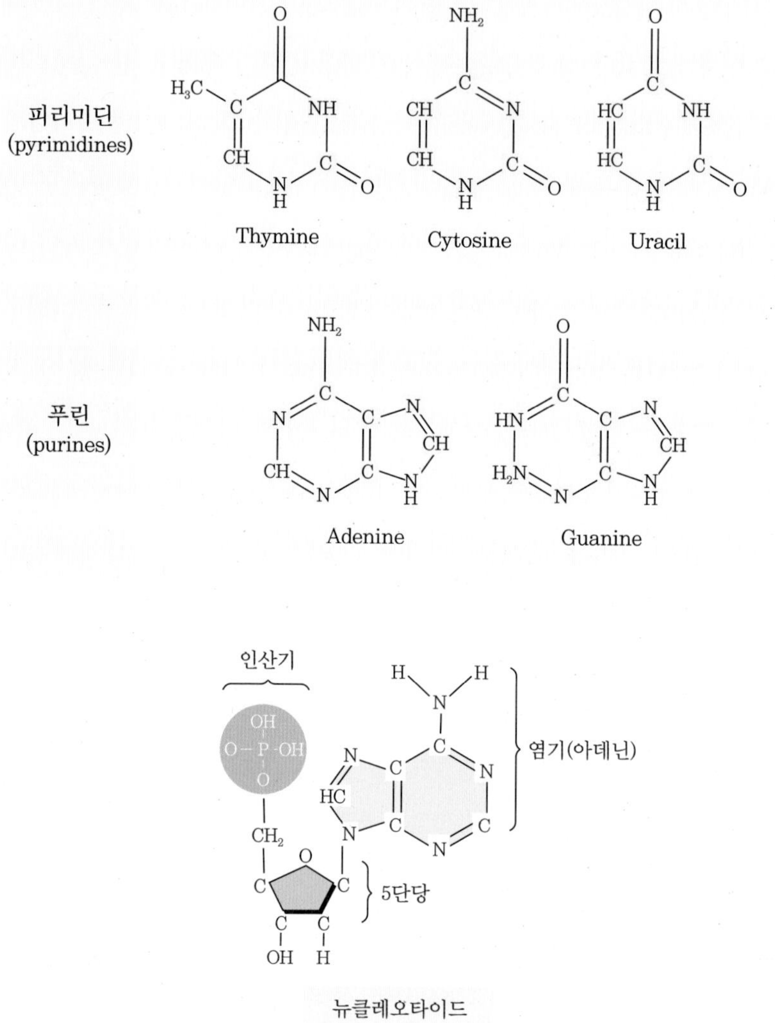

피리미딘
(pyrimidines)

Thymine   Cytosine   Uracil

푸린
(purines)

Adenine   Guanine

인산기

염기(아데닌)

5단당

뉴클레오타이드

그림 3-1 핵산의 구성 물질과 나선형 구조(1)

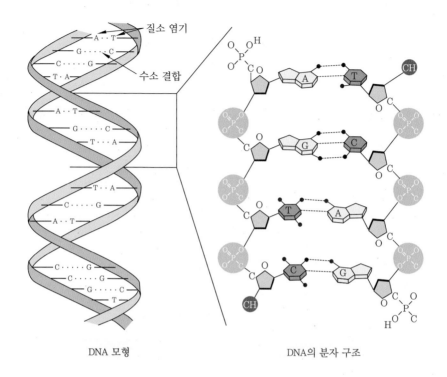

| DNA 모형 | DNA의 분자 구조 |

그림 3-1 핵산의 구성 물질과 나선형 구조(2)

뉴클레오타이드(nucleotide)

◇ 핵산 : 핵을 분리하면 나오는 산성 물질, 즉 DNA

　- 생명 현상의 정보를 담고 있다.

◇ 뉴클레오타이드 : 핵산 가수분해 시 생기는 핵산의 기본 단위

　- 당(sugar), 인산(phosphorus), 염기(base)로 이루어져 있다.

염기(Base)

DNA : A(adenine), G(guanine), C(cytosine), T(thymine)

RNA : A(adenine), G(guanine), C(cytosine), U(uracil)

원핵 세포(prokaryote)에는 핵이 없으며, DNA가 히스톤(histone)과 결합하여 존재하지 않고 특정 지역에 박혀 있는 형태로 존재하고 있는 반면에 진핵 세포(eukaryote)에서는 DNA가 히스톤과 결합하여 염색체의 형태로 핵 속에 존재하고 있다. 염색체의 가장 기본 단위는 뉴클레오솜(nucleosome)으로 히스톤 8분자가 모여 옥타머(octamer)를 형성하고 DNA가 그 주변을 감싼 형태로 존재한다. DNA 이중 나선의 지름은 2nm이지만 뉴클레오솜 주변에 감기면서 응축을 시작하면 지름이 11nm → 30nm → 300nm → 700nm → 1,400nm(세포 분열 중기)가 된다. 핵 속의 좁은 공간에서 존재하기 위해 DNA는 히스톤과 복합체를 형성하여 응축된 상태로 있어야 한다. 세포 분열이 일어나면 점점 더 응축된 형태가 되어 체세포 분열 중기에 가장 응축된 형태로 존재한다(그림 3-2).

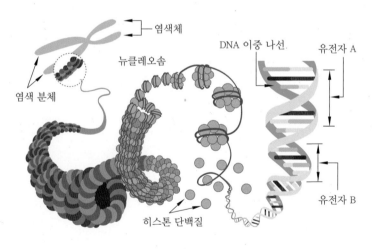

그림 3-2 DNA의 생활 주기 도식도

세포 분열이 끝나고 간기로 들어가면 응축된 염색체가 일정 부분 풀린 염색질 형태로 존재하게 된다. 세포 분열은 체세포 분열과 생식 세포 분열로 나뉘는데 생식 세포 분열은 감수 분열이라고 한다. 암수 염색체가 갈라지기 때문에 체세포 염색체($2n$)가 생식 세포 염색체(n) 상태로 환원되어 되어 암수 염색체가 갈라지게 된다(그림 3-3).

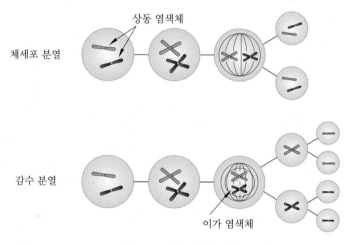

그림 3-3 **세포 분열 방식**

- 간기 : DNA가 단백질과 결합하여 실 모양의 염색사 형성
- 분열기 → 전기 : 염색체 형성 시작
- 분열기 → 중기 : 염색체가 중앙에 배열
- 분열기 → 후기 : 염색체가 양쪽 극으로 이동
- 분열기 → 말기 : 두 개의 세포로 분리

제임스 왓슨(James Watson)과 프랜시스 크릭(Francis Crick)은

1953년에 DNA가 이중 나선 구조로 되어 있다는 것을 규명하여 1962년에 노벨상을 받았다. DNA를 구성하는 기본 단위는 뉴클레오타이드이며 A, T, G, C의 네 종류가 있다. G은 C와 삼중 수소 결합을 하며, A와 T는 이중 수소 결합을 한다. 이때 G는 반드시 C와, A는 반드시 T와 결합한다. 이러한 상보적인 결합은 G와 C 그리고 A와 T가 항상 같은 농도로 존재한다는 것을 샤가프(Erwin Chargaff)가 염기 조성 비율 연구로 밝혀 냈으며 이것을 염기동량설이라 한다. DNA가 한 바퀴 돈 길이는 3.4nm가 되며, 바퀴당 열 개의 뉴클레오타이드가 있기 때문에 뉴클레오타이드 간 간격은 0.34nm 떨어져 있다. 지름은 2.0nm이며, 두 개의 나선은 반대 방향으로 달린다. 즉, 한 가닥은 $5' \rightarrow 3'$으로, 다른 한 가닥은 $3' \rightarrow 5'$로 달리게 된다.

DNA는 복제를 통해 자신의 DNA를 자손에게 물려줄 수 있기 때문에 복제 기작에 대한 이해는 매우 중요하다. 왓슨과 크릭은 이중 나선 구조를 만들었을 당시에 이미 이 구조로부터 DNA가 복제되는 기작을 예측할 수 있었고, 메셀슨(Matthew Messelson)과 스탈(Franklin Stahl)은 질소 동위 원소를 이용하여 DNA가 반복적으로 합성된다는 것을 보여 주었다. 즉, 부모 DNA 한 가닥을 주형으로 하여 새로운 가닥이 합성된다는 것이다. 진핵 세포의 DNA는 선형 DNA로 복제가 하나의 복제 원점에서 진행되는 것이 아니라 여러 지점에서 동시에 시작되어 양방향으로 진행되며, 반드시 $5'$에서 $3'$ 쪽으로 합성된다. 방향성 문제 때문에 한쪽은 연속적으로, 다른 한쪽은 불연속으로 합성된다. 불연속으로 합성되는 곳에서는 짧은 DNA 가닥, 즉 오카자키 절편(okazaki fragment)이 만들어진 후 연결된다. DNA 복제 과정에는 다양한 효소가 관여한다. 먼저 DNA 이중 나선이 헬리카제(helicase)에 의해서 풀려 단일 가닥이 되면 단일 가닥 결합 단백질(ssDNA binding protein)이 붙어 안정화시킨다. 이때 DNA가 풀어지면 반대쪽에서는 나선이 꼬이게 되는데 DNA topoisomerase가 이를 풀어 준다. DNA 중합 효소에 의한 DNA 합성은 디옥시리보스(deoxyribose)의 $3'-OH$가 자유스럽게 존재해야 새로운 뉴클레오타이드를 붙일 수 있다. 이것은 primerase에 의해 합성된 프라이머(primer)가 제공해 준다. 프라이머는 RNA로 DNA 중합 효소에 의해 제거되고 DNA 뉴클레오타이드로 채워진다. 오카자키 절편끼리는 연결 효소(DNA ligase)에 의해서 이어진다. DNA 복제가 끝나게 되면 $5'$ 쪽이 짧아지는 현상이 발생하는데 이것이 방치되면 복제 과정에서 지속적으로 DNA 끝이 짧아져 유전자 작용에 이상이 오게 되며, 이러한 문제는 텔로머레이스(telomerase)가 텔로미어(telomere)를 합성하여 해결한다.

DNA 상의 유전 정보는 RNA 중합 효소의 작용을 통해 RNA로 전달되며, 리보솜(ribosom)에 의해 단백질이 만들어지는데 이를 중심 원리(central dogma)라고 한다. DNA와 RNA의 기본 단위 혹은 언어는 뉴클레오타이드이며, 단백질의 기본 단위 혹은 언어는 아미노산이다. 따라서 다른 언어를 이해하기 위해서는 번역이 필요하게 되는데, 이때 유전자 내의 세 개의 염기 서열이 하나의 아미노산에 대한 암호로 작용한다.

2. 작은 유전 변이 차이로 나타나는 큰 변화

　적혈구는 가운데가 오목한 원반 모양이고, 지름이 약 7~8μm 정도이며, 산소 운반을 위한 헤모글로빈을 포함하고 있는 혈액 세포이다. 보통 100~120일 동안 온몸을 순환하면서 산소를 운반하는 역할을 한다. 일반적으로 하나의 적혈구 안에 300만 개 정도 들어 있는 헤모글로빈은 네 개의 철 원자(Fe)를 가지고 있으며, 여기에 산소 분자가 결합한 형태로 혈관을 따라 이동하면서 사람의 온몸에 산소를 운반한다. 산소가 풍부한 곳에서는 산소와 결합하고, 산소가 부족한 곳에서는 산소를 떼어 내는 특성을 가지고 있어서 폐에서 공급받은 산소를 신체 말단 부위에 전달할 수 있다.

　그런데 헤모글로빈을 구성하는 유전자의 염기 서열 중 하나의 염기에 변이가 생기면 이를 통해 만들어지는 아미노산 서열에도 변이가 생겨서 정상과 다른 형태의 겸형 적혈구가 만들어진다. 겸형 적혈구는 찌그러진 낫 모양을 하고 있어서 산소와 결합해 있지 않을 때 적혈구끼리 엉겨 붙어 혈액 순환을 방해하며, 적혈구가 쉽게 파괴되기도 하여 심각한 빈혈이나 모세 혈관 괴사 등을 일으킨다(그림 3-4).

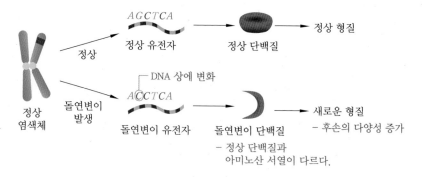

그림 3-4 적혈구의 돌연변이

　1957년에 인그람(Ingram, V. M., 1924~2006)은 겸형 적혈구 빈혈증에 대해 연구하던 중 헤모글로빈을 구성하는 두 사슬 가운데 β사슬의 여섯 번째 아미노산인 글루탐산이 발린(valine)으로 바뀐 사실을 알아냈다. 이를 통해 인그람은 유전자에 돌연변이가 생기면 폴리펩타이드(polypeptide)를 구성하는 아미노산 서열에 변화가 생기고, 폴리펩타이드의 아미노산 서열을 결정하는 것은 유전자라는 것을 알아냈다.

　결과적으로 유전자는 폴리펩타이드를 합성하고, 합성된 폴리펩타이드가 생물체의 다양한 구조와 기능을 수행하게 함으로써 형질이 표현되는 것이다.

　유전자 이상은 염기 서열에 변화를 가져오는 것으로 염기의 치환, 결실, 삽입, 중복, 불균등 교차 등 다양한 형태로 나타날 수 있다. 염색체 수준에서 살펴보면 염색체의 결실, 삽입, 역위, 전좌 등 염색체 구조의 이상과 염색체 수의 이상을 들 수 있다.

3. 피부 색소 돌연변이 유전자

　열대어 제브라피시(zebrafish)의 이름은 몸에 얼룩 줄무늬가 있어서 붙여진 것이다. 제브라피시는 피부의 멜라닌 색소에 관여하는 유전자를 가지고 있어서 이 유전자의 발현을 통해 줄무늬가 나타나게 된다. 하지만 이 유전자의 발현 과정에 변이가 생기면 줄무늬는 옅어지거나 사라지기도 한다(그림 3-5). 이러한 변이는 멜라닌 색소 세포 유전자에 생기기도 하고, 유전자의 발현 과정에 관여하는 효소 유전자에 나타나기도 한다. 타이로시네이스(tyrosinase)는 멜라닌 색소 유전자 발현에 관여하는 효소로 제브라피시와 쥐, 사람의 타이로시네이스는 서로 유사한 아미노산 서열로 이루어져 있다.

　즉, 제브라피시와 사람의 유전자 사이에 종간 유사성이 나타나며, 이러한 변이 역시 사람에게도 나타날 수 있다. 최근 제브라피시 연구에서 발견된 황금색 변이종(golden)은 색소 발현에 변화를 가져온 돌연변이인데, 비슷하게 현생 인류 중 백인종의 약 1/3이 이러한 유전자 돌연변이를 가지고 있음이 밝혀졌다. 이를 통해 과학자들은 이 유전자의 변이로 인해 유럽인들의 조상이 밝은색 피부를 갖게 되었다는 것을 알아냈다.

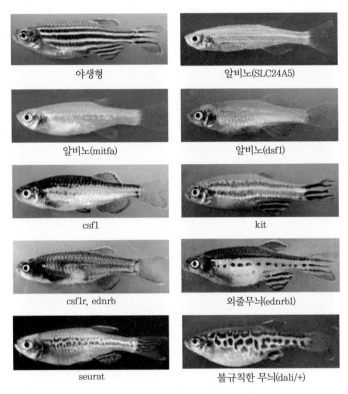

야생형   알비노(SLC24A5)

알비노(mitfa)   알비노(dsf1)

csf1   kit

csf1r, ednrb   외줄무늬(ednrb1)

seurat   불규칙한 무늬(dali/+)

그림 3-5 **정상 제브라피시와 피부색 돌연변이 제브라피시**

돌연변이는 변이를 증가시키는 매우 중요한 요인이다. 집단 내에 변이가 증가하고 생식적 격리가 일어나며 환경에 의해 이러한 변이들이 선택된다면 종 분화의 과정으로 이어질 수도 있다. 따라서 돌연변이가 바로 진화의 원인이라고 보기보다는 변이를 증가시킴으로써 선택받을 수 있는 기초를 제공하는 측면에서 볼 때 필수 조건이라고 할 수 있다.

그렇다면 사람을 기준으로 볼 때 돌연변이는 어떤 속도로 일어나고 있을까? 반수체 인간 유전체는 3.2×10^9bp로 되어 있으며, 돌변 이율은 세대당 4.8×10^{-8}/bp로 일어나는 것으로 알려져 있다. 따라서 접합자들은 약 300개의 새로운 돌연변이를 가지게 될 것이다. 사람 유전체의 약 2.5%만이 기능적인 단백질을 암호화하고 있다고 생각하면, 새로운 돌연변이들 중 약 일곱 개의 유전자로부터 표현형적 특징이 나타날 것으로 생각된다. 만약 대한민국 인구인 5천만 명을 고려하면 상당수의 유전자에서 돌연변이적인 특징을 보여줄 수 있으며, 전 인류를 고려하면 엄청난 숫자로 증가한다. 또한 수많은 세대를 고려하면 이러한 돌연변이의 축적은 큰 숫자로 늘어날 것이다. 사람과 침팬지는 약 700만 년 전에 분리되었는데 이 시점으로부터 각각 약 1%의 유전체 변화가 예상되므로 두 동물 사이에는 약 2%의 유전체 차이를 예상할 수 있다. 하지만 실제 두 동물은 유전체의 98.6%가 같기 때문에 일부 돌연변이는 선택되지 못하고 소실된 것으로 추측할 수 있다.

4. 초파리 색소 유전자의 다양한 돌연변이

초파리는 모건(Thomas Morgan)에 의해 실험 재료로 처음 도입되어 유전학 연구의 재료로 이용되면서 유전학 발전에 많은 기여를

하였다. 또한 축적된 유전학적인 기술을 이용하여 발생에 관여하는 유전자를 대규모로 발견하면서부터 발생의 기작을 연구하는 데에도 많은 공헌을 하였다. 전통적으로 초파리 유전자의 이름은 그 유전자가 돌연변이가 되었을 때의 형질을 바탕으로 정해진다. *white* 유전자도 이와 마찬가지로 돌연변이가 되었을 때 눈이 하얗게 되기 때문에 *white*(w)라는 이름을 갖게 되었다.

w 유전자는 초파리 눈의 색소를 만드는 과정에 관여한다. 따라서 정상적인 *white* 유전자를 가지고 있는 야생형은 빨간 눈을 가지고 있고, 이러한 기능에 문제가 생긴 돌연변이들은 다른 눈 색을 가지고 있다. 처음 발견되었던 *w* 유전자 돌연변이는 색소를 만드는 기능에 손실이 생겨 하얀색 눈을 가진 초파리였다.

대립 유전자는 보통 염색체의 같은 위치에 존재하지만 형태에 여러 가지 변형이 일어나면서 차이가 발생한 유전자들을 총칭하는 것으로 이해할 수 있다. 대립 유전자들은 어떻게 변형되는가에 따라서 유전자의 기능도 다르게 변화한다.

초파리에서 대립 유전자의 표현은 보통 위 첨자를 활용한다. 예를 들어 *w* 유전자의 대립 유전자인 w^a, w^{bf}, w^{cf} 등은 모두 *w* 유전자의 돌연변이 형태지만 *w* 유전자의 염기 서열 상에서 변화가 일어난 지역이 모두 다르게 나타난다. 이러한 첨자는 변화가 발견된 순서 또는 표현형 상의 특징에 따라서 이름이 지어진다. 지금까지 알려진 *w* 유전자의 대립 유전자로는 약 1,000여 가지가 존재한다. 총 다섯 종의 초파리로 정상인 야생형(WT), w^1, w^a, w^{bf}, w^{cf} 돌연변이 초파리이다(그림 3-6).

w^1 돌연변이는 전이 유전자(transposable element)의 삽입으로
인해 자연적으로 발생한 기능 상실 돌연변이로 흰 눈의 표현형을
가진다. w^a 돌연변이 또한 전이 유전자의 삽입으로 인해 자연적으
로 발생한 돌연변이로 이름의 a는 apricot의 약자이다. 표현형은
주황색 눈을 나타낸다.

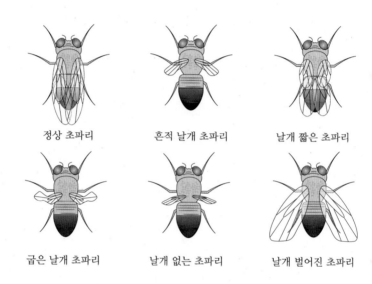

정상 초파리　　　　흔적 날개 초파리　　　　날개 짧은 초파리

굽은 날개 초파리　　　날개 없는 초파리　　　날개 벌어진 초파리

그림 3-6 **여러 종류의 초파리 변이종**

w^{bf} 돌연변이는 전이 유전자의 삽입과 X-ray 조사로 5′의 UTR
지역에 변이가 생긴 돌연변이로 bf는 buff의 약자이다. 이 돌연변
이는 연한 주황색 눈을 가진다. w^{cf} 돌연변이는 X-ray 조사로 인
해 49번째 류신(leucine)이 아르기닌(arginine)으로 변화하고 589
번째 글리신(glycine)이 글루탐산으로 변화한 점 돌연변이로 cf는

coffee의 약자이다. 이 돌연변이는 연한 갈색 눈을 표현형으로 가진다.1928년 멀러는 초파리에 X-ray를 조사하여 대규모로 돌연변이를 유발함으로써 X-ray의 위험성을 알려 주었으며, 동시에 돌연변이를 만들어 내는 방법을 제공해 주었다. 돌연변이는 X-ray뿐만 아니라 많은 화학 물질, 방사성 동위 원소, 자외선 등의 돌연변이 유발 물질들에 의해 생길 수도 있다. X-ray는 염색체 수준에서의 비교적 큰 범위에서 돌연변이를 유발하며, 일부 화학 물질들은 염기 치환 정도의 범위에서 돌연변이를 유발하기도 한다.

5. 유전자에 담긴 공통 조상의 증거

발생에 관여하는 유전자 중에는 마스터 조절 유전자가 있으며, 이들은 다른 유전자 발현을 조절하여 몸의 각 부위의 정체성, 즉 구조를 결정하는 데 핵심적인 역할을 한다. 이러한 종류의 유전자에 돌연변이가 생기면 그 영향력은 매우 크게 나타난다. 과학자들은 공통 조상에서 유래한 혹스(hox) 유전자가 대부분의 동물에서 거의 동일하게 보존되어 있다는 것을 밝혀냈다. 혹스 유전자는 발생 조절의 핵심 유전자로 동물의 신체 패턴을 결정한다. 혹스 유전자는 초파리에서 처음 발견된 이후 사람을 포함하는 포유 동물에서도 발견되었다. 초파리는 열네 개의 체절을 가지므로 혹스 유전자는 한 개의 유전자가 아니라 여러 개의 유전자로 이루어진 유전자 집단을 이루고 있다. 초파리의 혹스 유전자는 하나의 염색체 위에 나란히 배열되어 있으며, 이러한 배열 순서는 포유류에서도 그대로 보존되어 있다.

쥐의 혹스 유전자 중에서도 혹스6 유전자는 흉부에서 갈비뼈를 생성하게 하고, 혹스10 유전자는 복부에서 갈비뼈 생성을 억제한다. 혹스6 유전자를 복부에서 발현하게 하면 어떻게 될까? 쥐와는 달리 뱀의 혹스6 유전자는 쥐에 비해 몸통의 훨씬 넓은 영역에 걸쳐 발현되어 거의 몸 전체에서 갈비뼈가 발생되도록 한다. 그러나 두 동물에서 모두 혹스6 유전자는 갈비뼈 생성을 촉진하는 같은 기능을 나타낸다. 이러한 혹스 유전자는 무척추동물인 초파리에서도 공통적으로 나타난다. 초파리의 혹스 유전자 중에서도 몸의 가슴 앞쪽 체절에 관여하는 유전자는 안테나 다리 유전자($Antp$)이다. 초파리의 다리는 원래 가슴 체절에서 발생하여 양쪽으로 나타나지만 안테나 다리 유전자에 돌연변이가 생기면 초파리의 안테나 부위에 다리가 형성되는 것을 관찰할 수 있다.

6. DNA와 진화

다양한 동물들을 어떻게 분류할 수 있을까? 생김새로 구별할 수도 있고, 울음소리나 사는 곳으로 구별할 수도 있을 것이다. 과거에는 주로 형태적인 특징을 이용하여 생물의 유연 관계를 파악하였다. 현대에 이르러서는 발달된 분자 생물학적 기법을 이용하여 동물들의 DNA를 비교·분석하여 분류하고 있다.

혹스 유전자는 몸의 형태를 만들어 주는 유전자를 의미한다. 동물을 분류하는 기준은 몸의 형태인데 형태는 곧 기능을 나타내기 때문이다. 이러한 기관을 상동 기관이라고 하는데 사람의 팔, 개의 앞다리, 고래의 가슴 지느러미, 새의 날개는 모두 상동 기관이라고 부른다(그림 3-7).

지구 상의 모든 생물은 단일 조상에서 분류한 것으로 진화는 설명하고 있다. 이러한 설명 자료로 발생학적 근거를 제시하는데 모든 생물의 발생 초기의 모양이 같다는 것이다. 발생학적 진화의 증거는 발생 과정에서 유사한 점을 찾아 진화의 증거로 삼는다. 여러 척추동물 배의 초기 발생 모양은 모두 유사하며, 꼬리와 아가미 구멍이 공통적으로 나타는 것이다(그림 3-8). 이는 수중 동물이 육상 동물로 진화했다는 것과 오늘날의 척추동물이 공통의 조상으로부터

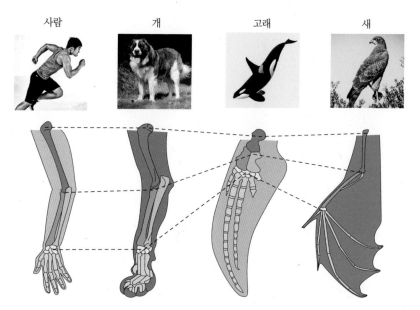

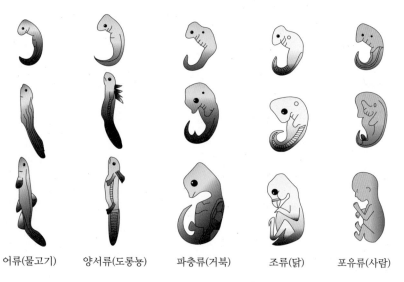

사람   개   고래   새

그림 3-7 혹스 유전자에 의한 여러 상동 기관의 변이들

어류(물고기)   양서류(도롱뇽)   파충류(거북)   조류(닭)   포유류(사람)

그림 3-8 각종 동물의 발생 과정 형태

진화했다는 것을 확인해 준다.

DNA 염기 서열을 알아보기 위해서는 몇 가지 단계가 필요하다. 먼저 세포 안에 있는 DNA를 추출해야 한다. 생물의 생체 시료를 마이크로튜브 속에 묻혀 준 후 시약을 담은 마이크로튜브를 원심 분리기에 넣고 돌려 준다. 이때 원심 분리기의 무게 균형을 맞춰 주는 것이 중요하다. 시약 처리 후 차가운 100% 에탄올을 첨가하면 DNA가 추출된다. 추출한 DNA는 미량이므로 증폭하여 염기 서열 분석에 이용한다. 이를 중합 효소 반응(PCR : Polymerase Chain Reaction)이라고 한다. PCR 기기 속에 추출한 DNA 시료가 담긴 튜브를 넣고 DNA를 증폭시킨다. PCR은 DNA 변성, 프라이머 결합, DNA 합성의 세 단계로 진행이 된다. 합성된 DNA 조각을 DNA 염기 서열 분석 기계에 넣고 작동시켜 주면 DNA 염기 서열을 알 수 있다. 어떤 원리로 DNA 염기 서열을 분석할 수 있는 것일까? 대표적으로 생어(Frederic Sanger)의 디데옥시법(생어 방법)이 있다. 마이크로튜브에 dNTP와 형광 표지된 ddNTP를 넣어준 후 DNA를 복제시켜 전기영동(전기 이동)을 통해 도출된 DNA 조각 말단의 형광 표지색을 읽을 수 있다. 이를 순서대로 읽으면 분석하고자 하는 DNA 가닥에 상보적인 염기 서열이 결정된다. DNA 염기가 특정한 염기들과만 짝을 이룬다는 원리를 이용한 것이다.

이러한 방법을 통해 화면에 주어진 동물들의 유선 세포에서 추출한 DNA 염기 서열을 분석한 결과를 비교해 볼 수 있다. 고래는 바다에서 생활하는 대표적인 포유류다. 그러나 대부분의 포유동물은 육상에서 살아간다. 그렇다면 고래와 진화적으로 가장 가까운 포유동물은 무엇일까? 화면의 다양한 동물과의 비교를 실행해 보면 고래와 진화적으로 가장 가까운 동물은 염기 서열의 95%가 일치하는 하마라는 것을 알 수 있다.

말처럼 생긴 오카피는 기린과 아주 가까운 동물이나 기린은 목이 길고 오카피는 목이 짧다. 게놈(genome)을 분석해서 두 동물을 비교해 본 결과, FGFRL1(Fibroblast Growth Factor Receptor Like 1) 유전자의 변이가 기린의 목을 길어지게 하는 데 영향을 주며, 더불어 HOXB3, CDX4, NOTO 유전자에 변이가 생긴 점도 밝혀냈다. 이들 유전자의 변이가 기린의 목을 길어지게 하는 원인으로 추정하고 있다. 또한 FGFRL1 유전자는 목 길이뿐 아니라 기린의 심혈관계를 발달시켜 심장에서 2m나 먼 뇌까지 혈액을 보낼 수 있도록 강한 심장을 만드는 데에도 관여하는 것으로 알려져 있다.

사람은 얼굴 생김새를 매우 중요시해 왔다. 특히 여성들의 얼굴 생김새는 예로부터 역사를 바꾸기도 했다. 이처럼 아름답고 잘생긴 얼굴 생김새를 갖고자 하는 욕망은 끝이 없다. 그런데 최근 게놈 분석 비용이 크게 떨어지고 빅데이터 처리 기법이 현저히 향상되면서 얼굴의 형태를 결정하는 유전자를 찾으려는 연구가 주목을 끌고 있다. SNP(Single Nucleotide Polymorphism) 분석으로 코의 모양과 관련이 있는 유전자 위치 네 곳을 탐색하였는데 4번 염색체에 있는 SNP는 콧등 기울기 그리고 6번 염색체에 있는 SNP는 콧날 폭에 관여했다. 또한 7번 염색체와 20번 염색체의 두 SNP는 콧

방울 폭과 연관되어 있다는 결론이다. 4번 염색체에는 DCHS2라는 유전자가 있는데 세포 부착에 관여하는 단백질을 암호화하고 있다. DCHS2 유전자 발현 단백질은 척추동물의 안면 윤곽을 형성하는 연골의 분화에 관여한다. 6번 염색체 SNP 자리(콧날 폭)에 있는 RUNX2 유전자는 다른 유전자의 발현을 촉진하거나 억제하는 역할을 하는 단백질을 암호화하고 있는데 그 변이가 개의 주둥이 길이에 관여한다는 연구 결과가 있다.

한편 7번 염색체에 있는 GLI3 유전자는 연골 세포의 분화 과정에서 중요한 역할을 하는 것으로 알려져 있다. 이 유전자에 이상이 발생하면 생쥐의 코가 넓적한 기형으로 된다. 끝으로 20번 염색체에 있는 PAX1 유전자 역시 연골 세포 분화에 영향을 미친다. 즉, GLI3 유전자와 같은 네트워크에 참여하는 유전자다. 그럼에도 각각의 SNP가 그 특성에 미치는 영향력은 미미하여 클레오파트라처럼 생긴 코는 어떤 SNP 조합의 결과인지에 대한 해답은 더욱 연구가 필요하다.

제4장

원시 지구의
최초 생명체와 돌연변이

1. 지구 최초의 생명체 탄생과 변천

지구는 46억 년 전에 태어났고 생명체는 38억 년 전에 탄생하였다고 한다. 지구가 처음 태어났을 때의 원시 대기는 지금과는 전혀 다른 환경이었다고 짐작한다. 그 당시 지구 환경은 메탄(methane), 암모니아, 수소 등의 환원성 기체와 다량의 수증기로 이루어져 있었고, 지구가 냉각되면서 대기 중의 수증기는 비가 되어 내려 원시 바다를 이루었다. 초기 지구는 끊임없이 일어나는 화산 활동과 번개로 지구 대기에 지속적으로 에너지가 공급되었고, 오존층이 없어 태양의 자외선과 우주 방사선이 지구 표면에 다량 유입되었다.

원시 생명체의 탄생에는 여러 가지 가설이 있다. 첫 번째는 화학적 생명 탄생으로 무기물이 간단한 유기물로 합성되고 이어서 복잡한 유기물로 합성되어 화학적 변화 과정을 거쳐 복합체(코아세르베이트(coacervate), 마이크로스피어(microsphere) 등을 형성하고, 복합체는 막 구조가 발달하고 유전 물질인 핵산과 물질 대사에 필요한 효소가 추가되어 최초의 원시 생명체가 출현하였다는 설이다(표 4-1, 그림 4-1).

표 4-1 원시 생명체의 탄생을 설명하는 이론들

코아세르베이트 (오파린의 주장)	– 원시 바다 속의 유기물이 모여 콜로이드(colloid) 상태가 되고 막으로 둘러싸인 액상의 유기물 복합체이다. – 주변 물질 흡수, 성장, 분열, 간단한 대사 작용을 한다. – 코아세르베이트는 인지질 2중층으로 이루어진 세포막이 없어 생명체의 직접적인 기원일 가능성이 매우 낮다.
마이크로스피어 (폭스의 주장)	– 아미노산에 열을 가해 만든 프로테노이드(proteinoid)를 뜨거운 물에 넣었다 식히면 형성되는 액상의 유기물 복합체이다. – 코아세르베이트에 비해 구조가 안정적이다. – 2중 막으로 싸여 있고 물질을 선택적으로 투과시키며, 성장하다가 출아하여 증식하고, 간단한 대사 작용이 가능하다.
리포솜	– 인지질을 물에 넣었을 때 형성되는 인지질 2중층 막으로 둘러싸인 작은 주머니 모양의 구조물이다(세포막의 인지질 2중층과 구조적으로 같다). – 막에 단백질을 부착할 수 있어 선택적 투과성이 있고, 작은 리포솜을 형성하여 출아함으로써 증식하므로 원시 세포로 발생했을 가능성이 높다. → 리포솜은 작은 리포솜을 만들 수 있는데 이것은 리포솜이 단순한 의미의 생식이 가능하다는 증거이다.

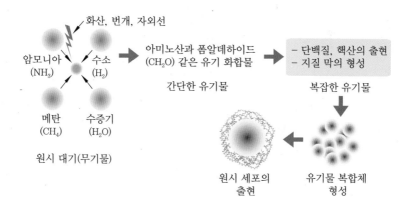

그림 4-1 원시 대기 중의 메탄이나 암모니아 등이 반응하여 아미노산, 염기 등의 간단한 유기물이 만들어지고 이어서 단백질, 핵산 등의 복잡한 유기물이 만들어져 복합체 단계를 거쳐 원시 생명체가 되었다는 가설의 모식도

이러한 가설은 러시아의 생화학자 오파린(Aleksandr Ivanovich Oparin)이 처음 주장하였는데 그는 원시 대기를 이루는 환원성 기체(무기물)가 원시 지구의 풍부한 에너지에 의해 아미노산과 같은 간단한 유기물로 합성되었다고 하였으며, 오파린의 주장은 밀러(Stanly Miller, 1930~2007)와 유리(Harold Urey, 1893~1981)의 실험으로 증명되었다. 미국의 생물학자 밀러는 대학원생일 때 전기 방전 실험을 통해 원시 대기의 조건에서 무기물로부터 유기물이 합성될 수 있다는 것을 증명하였다. 밀러와 유리는 수소, 메탄, 암모니아, 수증기를 플라스크에 넣고 밀폐한 후 1주일 동안 물을 끓여 순환시키며 강한 방전을 일으켜서 간단한 유기물을 합성시켰다(그림 4-2). 미국의 화학자 유리는 1934년 노벨 화학상을 수상하였다.

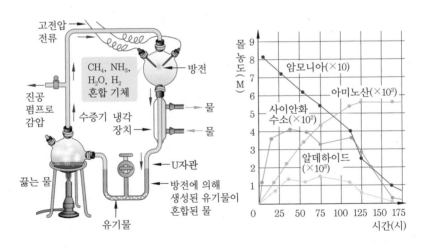

그림 4-2 원시 대기의 조건에서 전기 방전 실험을 통해 무기물로부터 유기물이 합성될 수 있다는 것을 증명한 실험

두 번째의 가설은 심해 열수구설(熱水口說)로 이는 최초의 유기물은 원시 지구의 심해 열수구 부근에서 합성되었을 것이라는 주장이다. 심해 열수구는 화산 활동으로 에너지가 공급되고 수소, 암모니아, 메탄 등의 환원성 물질과 촉매 작용을 할 수 있는 철, 망가니즈 등의 금속 이온도 풍부하므로 현재 생명체의 탄생 장소로 유력하게 거론되고 있다. 심해 열수구(열수 분출구)는 마그마에서 데워진 뜨거운 물이 해저에서 분출되는 곳으로 심해 열수구에서는 수소 기체를 생산하는 황화 수소, 황화 철이 방출되며, 수소를 에너지원으로 사용하는 원핵생물이 살고 있다.

셋째는 외계 유입설인데 생명체의 탄생에 필요한 유기물 또는 생명체가 우주로부터 유입되었다는 주장이다. 호주 남동부의 머치슨 마을에 떨어진 운석(머치슨 운석)에서 90종 이상의 유기물이 검출된 바가 있다.

이상의 가설들은 생명체에서 가장 중요한 자가 증식력이 어떠한 과정을 거쳐 생겨났는가에 대한 해답으로는 불충분하다. 생명이 탄생하기 위해서는 자신과 유사한 자손을 낳는 자가 증식 능력, 에너지를 생산하고 결함을 고치는 물질대사 능력, 음식이 들어오고 노폐물이 나가며 원치 않는 물질은 막아 내는 세포막이 있어야만 한다.

자가 증식에 필요한 유전 정보를 담는 물질은 DNA와 RNA가 있다. 원시 생명체의 유전 정보는 DNA와 RNA 중 어느 것이 먼저일까? 학자에 따라 다른 의견을 내고 있는데 RNA가 먼저일 것이라는 설이 우세한 것 같다. 현존하는 미생물 중에도 DNA를 가지고 있는 것이 있는가 하면 RNA를 가지고 있는 것도 있다. 원시 생명체는 RNA가 모든 생명체에서 유전 물질인 동시에 촉매 기능인 효소 역할을 담당하였을 것으로 추측되기 때문에 시초의 생명체는 RNA로 출발했다는 설이 우세한 것 같다. RNA 중 유전 정보를 저장하면서 효소의 기능을 갖춘 것을 리보자임(ribozyme)이라고 하는데, 리보자임은 최초의 유전 물질이 RNA라는 설을 뒷받침해 준다. RNA와 DNA는 염기 하나의 차이로 돌연변이에 의해 변형될 수 있다고 보기 때문이다. RNA는 유전적 측면에서 불안정하기 때문에 단세포처럼 증식하는 생물을 제외하고 유전 정보를 유지하는 데 매우 불리한 점이 있다. RNA는 이후 더 안정되고 더 큰 분자를 만들 수 있어 생명체의 다양성을 확보할 수 있는 DNA로 대체되었다고 본다.

리보자임은 리보솜의 주요 구성 성분으로 단백질을 만드는 데 관여하는 역할을 하며 현존 생물에 아직 남아 있다. 한편 일부 과학자들은 RNA 이전에 펩티드 핵산(PNA), 트레오스 핵산(TNA), 글리세롤 핵산(GNA)이 먼저 존재했다가 RNA로 대체되었을 것으로 보고 있다. RNA는 더 안정되고 더 큰 분자를 만들 수 있는 DNA로 대체되어 생명체의 다양성을 확보할 수 있게 되었다. 지금도 일부 미생물 중에서는 RNA 상태로 살아가는 것도 있다.

처음 원시 세포에는 여러 종류가 있었으나 그중 단 한 종류만이 살아남아 모든 생물의 공통 조상(LUCA : Last Universal Common

Ancestor)이 되었을 것이라는 설과 여러 종류의 조상 세포가 서로 유전자 전달을 통해 유전자를 교환했을 것으로 보는 견해가 있다. 이 조상 세포는 세포막과 리보솜을 갖췄으나 세포핵이나 세포 소기관이 없는 원생생물로 대략 36억 년 전 시생누대 초기에 살았으며, 현대의 세포들처럼 DNA로 유전적 정보를 기록하고, RNA가 정보 전달과 단백질 합성을 주도했으며, 생합성 반응에 필요한 많은 효소들이 있었을 것으로 보인다.

초기 원생생물이 탄생했을 당시의 지구 환경을 유추해 보면 초기 지구는 화산 활동과 번개가 끊임없이 지속되어 대기에 에너지가 공급되었고, 오존층이 없어 태양의 자외선과 우주 방사선이 지구 표면에 다량 유입되었을 것이다. 생물이 살아가기에는 적당하지 못한 환경이라고 할 수 있기에 지구 탄생 10억 년 후에 바닷속에서 생명체가 탄생하기 시작한 셈이다. 이때 지표면은 다량의 자외선과 방사선 때문에 생물이 생존하기에는 부적합하였기 때문에 수중에서만 이 생물이 생존할 수가 있었다.

시초의 원생생물은 수소 혹은 메탄을 에너지원으로 활용하였던 것으로 알려져 있다. 이러한 원생생물에 변이가 생기게 되었고 36억 년부터 약 25억 년 원생누대까지 원핵생물에서 진핵생물로 진화되었다. 이 원시 생물은 무성적으로 번식하기 때문에 변이가 생기는 원인은 돌연변이만이 유일한 수단이었을 것이다. 스트로마톨라이트(stromatolite)는 지구의 첫 생명의 흔적이 발견된 최초의 화석으로 호주에서 발견되었다(그림 4-3). 또한 단세포에서 다세포 생물로의 진화가 일어났는데 그 원인은 돌연변이라고 할 수 있다. 왜냐하면 이때의 단세포 생물은 무성 생식을 했으므로 돌연변이만이 유일한 변이의 창출 수단이기 때문이다.

산소가 풍부한 대기가 형성된 것도 중요한 사건이다(그림 4-4).

그림 4-3 호주 서부 샤크 만의 현생 스트로마톨라이트

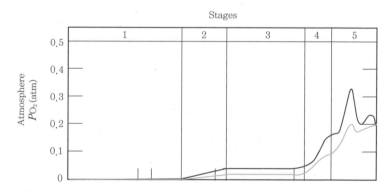

그림 4-4 원생누대 약 25억 년 전부터 5억 4200만 년까지의 산소 농도 추이

남아프리카 바버튼 그린스톤 대(barberton greenstone belt)에서 발견된 호상철광층의 회색 층은 산소가 없었을 때 그리고 적색 층은 산소가 있었을 때 형성된 암석이다(그림 4-5).

대기의 산소 중 일부는 자외선과 반응하여 점차 오존이 생성되어 대기에 오존층이 형성되었으며, 오존층이 자외선을 차단하는 역할을 하여 지구 표면에 생명체가 생존할 수 있는 환경이 마련된 것이다. 또한 산소량이 늘어나자 산소의 독성 때문에 대부분의 생물이 죽는 '산소 대재앙(oxygen catastrophe)'이 일어났고 산소의 독성에 저항이 있는 생물만 살아남게 되었다. 한편 일부 생물은 산소로 자신의 신진 대사를 촉진시키는 쪽으로 진화하였지만 아직은 원시 생물이 무성적으로 증식하는 단세포 혹은 다세포였다. 20억 년 전쯤 고세균과 진핵생물이 만들어졌을 것으로 본다. 진핵생물은 고세균과 원핵생물보다 훨씬 복잡한 시스템을 가졌으며 크기가 컸다.

그림 4-5 남아프리카 바버톤 그린스톤 대에서 발견된 호상철광층

2. 12억 년 전 지구 상의 생물에
어떤 일이 생겼나

지구가 산소가 풍부해지는 환경으로 변화하였기에 산소에 적응할 수 있는 돌연변이 생물만이 생존하게 되었다. 이 시기에 원시 미토콘드리아(mitochondria)가 만들어졌다고 보는데 이는 오늘날의 리케치아(rickettsia)와 연관 있는 세균이 더 큰 원핵생물 안으로 들어가 기생하거나 또는 원핵생물이 세균을 흡수했으나 소화시키지 못하고 공생하는 관계로 발전하여 세포 호흡이 시작된 계기였다. 산소를 이용한 물질대사는 더 많은 에너지를 생산하게 되었고 이 에너지는 숙주 세포에 공급됨으로써 작은 세균 세포와 큰 원핵생물 세포 사이의 공생 관계로 발전했다고 본다.

원시 생물이 탄생하고 나서 거의 26억 년 동안은 성(sex) 없이 무성적으로 증식했기 때문에 이 시기의 생물은 세포 내의 구성 물질의 하나인 염색체가 단상(n)이었다고 볼 수 있다. 그러므로 초기 원시 26억 년 동안의 모든 생물은 조상과 자손의 관계가 아닌 형제들이라고 이해해야 한다. 즉 번식이 아닌 아메바처럼 증식(cloning)을 했기 때문이다. 선캄브리아기에 생물의 종류가 그리 많지 않은 이유 또한 여기에서 찾아볼 수 있다. 오로지 체세포 돌연변이(somatic mutation)가 유일한 변이의 창출 수단이었을 터이니 말이다.

그러나 12억 년 전 성(sex)이 분화된 이후 생물의 양성 생식에 의한 번식으로 체세포의 염색체가 n에서 $2n$으로 바뀌면서 돌연변이의 발생 빈도는 기존보다 배로 증가하게 된 셈이다. 더욱이 체세포 돌연변이와 생식세포 돌연변이(germinal mutation)가 동시에 변이를 만들게 됨으로써 변이의 폭(spectrum)은 최대 세 배까지 늘어나 생물 다양성이 대폭 증가할 수 있었을 것이다. 이러한 현상이 캄브리아기의 생물 대폭발과 밀접한 관계가 있다고 저자는 해석한다.

12억 년 전 무렵 비로소 암수의 성 분화가 시작되었고 시간이 지나면서 암수 사이에 유전자 교환이 이루어지게 되었다. 성 분화 전에는 돌연변이만이 생물의 다양성을 유지할 수 있는 유일한 수단이었고 돌연변이는 무작위로 일어나고 변이의 폭이 증가되기 때문에 통상 선택이라는 과정을 거치게 된다. 무작위로 일어난다는 뜻은, 예를 들면 키가 큰 변이가 나오는가 하면 키가 작은 변이도 나오고, 추위에 강한 변이와 약한 변이가 동시에 출현하기도 한다는 뜻이다. 즉, 돌연변이는 항상 양면성을 보인다. 결국 유전적 변이종이 자연 선택을 통해 살아남아 새로운 종이 등장함으로써 생물 다양성이 나타나게 되었다.

유전 변이의 원인은 성 교잡에 의한 변이와 돌연변이가 있는데 12억 년 전 성이 분화되기 전에는 돌연변이가 유전적 변이를 창출하는 유일의 수단이었다. 원시 지구는 오존층이 없었기에 태양으로부터 자외선이 다량 유입되어 지표 상에서는 생물이 살 수 없는 환경이었고 오직 수중 생물만이 생존 가능한 상태였다. 그 당시 돌연변이를 일으킬 수 있는 원인은 강력한 자외선 외에도 초기 지구 상의 방사능 물질이 지금보다 훨씬 많았을 것으로 예상되는 자연 방사선 때문일 것이다.

광합성을 할 수 있는 세균 세포가 큰 세포로 들어가 엽록체가 되었고 10억 년 전 광합성이 가능한 세포와 광합성을 할 수 없는 세포로 분류되었다.

고세균, 세균, 진핵생물은 분리된 이후로 환경에 적응하면서 더욱 복잡하게 진화되었다. 진균, 식물, 동물이 출현하였으나 아직 단세포로 존재하였다. 이들 중 일부는 군락을 형성하였고 위치에 따라 다른 기능 분담이 이루어졌다. 대략 10억 년 전 최초의 다세포 식물이 출현하였으며 9억 년 전쯤에는 다세포 동물이 나타났다. 이들 생물의 세포는 전능성을 가지고 있었고 오늘날의 해면동물과 비슷한 형태로 진화하였다.

광합성을 하는 세포는 이산화 탄소, 물, 햇빛으로 에너지원인 포도당을 만드는데 현재도 홍색 황세균, 녹색 황세균 등은 황화 수소, 황, 철 등을 사용하는 무산소 광합성을 하는 생물체가 온천이나 열수공 등 극한의 환경에서 발견된다. 다세포 생물(多細胞生物)은 여러 개의 세포로 이루어진 생물을 말한다. 동물이나 식물 등 눈에 보이는 크기를 가진 생물은 거의 모두 다세포 생물이다. 이러한 생물들을 구성하는 세포들은 개체를 위해 일정한 역할을 각각 분담한다.

3. 캄브리아기의 대폭발이란 무엇인가

원생누대에는 빙하 시대가 몇 차례 있었으며, 또한 12억 년 전에 암수의 성이 분화되었는데 무성적으로 번식하던 생물이 갑자기 암수로 성이 분화된 것은 매우 큰 유전적 변이라 할 수 있고 돌연변이가 아니고서는 이런 성 분화가 일시적으로 대변화를 가져올 수가 없다. 6억 년 전에 마지막 빙하기 이후로 생명체의 진화가 가속되었다.

5.8억 년 전에는 에디아카라 생물군(ediacara biota)이 형성되면서 캄브리아기(Cambrian period)의 대폭발이 시작되었다(그림 4-6).

화석으로 밝혀진 진화의 속도는 캄브리아기에 갑자기 가속되어 수많은 새로운 종이 출현하였으며, 이 사건을 '캄브리아기의 대폭발'이라고 지칭한다. 이러한 사건은 지구의 역사상 유일하게 캄브리아기에만 있었다.

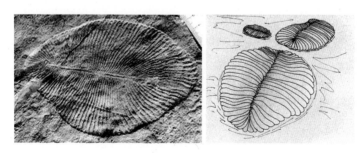

그림 4-6 **선캄브리아기의 에디아카라 대표적 생물**

에디아카라기의 생물군은 원시적이고 현대적 분류에 잘 들어맞지 않는 데 반해 캄브리아기에 출현한 생물군은 대부분 현대의 생물 분류에 들어맞는다. 껍데기, 골격, 외골격 같은 단단한 부분을 가진 연체동물, 극피동물, 바다나리, 절지동물 등이 출현하였다. 특히 가장 잘 알려진 것은 고생대의 절지동물 삼엽충(trilobite)이다 (그림 4-7). 단단한 부분이 화석화에 용이하였으므로 그 전 시기에 비해 연구가 훨씬 잘되어 있다. 그러나 수차례의 멸종기 역시 존재해 생명체의 다양성은 크게 늘어나지는 못했다.

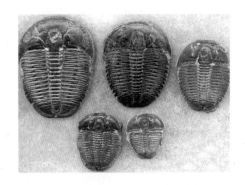

그림 4-7 고생대의 대표적인 삼엽충 화석

캄브리아기 동안 최초의 척추동물, 그중에서도 어류가 처음 출현하였다. 어류의 조상으로 추측되는 동물은 피카이아(pikaia)로 원시적인 척삭(脊索)을 가지고 있었으며 이는 이후 척추로 진화하였다. 턱을 가진 첫 어류(유악류)는 오르도비스기(Ordovician period)에 출현하였다. 크기도 대체로 커져, 7m까지 자라는 판피류인 둔클레오스테우스(dunkleosteus) 등이 존재하였다(그림 4-8).

그림 4-8 **오르도비스기 최초의 유악류인 둔클레오스테우스**

　캄브리아기 이전에는 단세포이자 무성 번식 시기였으므로 생물 다양성이 미미하였을 것이고 화석으로 남을 만한 생명체가 없었다고 짐작된다. 그러나 12억 년 전 암수의 성이 분화되면서 변이를 증폭할 수 있는 요소가 돌연변이와 성적 교잡에 의한 수단이 2중으로 동시에 작용함으로써 생물의 변이율과 변이 폭(spectrum)이 대폭 증대되기 시작하면서 삼엽충과 같은 갑각류의 생물이 탄생하였고 생물 다양성이 급격히 증가하는 대폭발의 계기가 되었을 것이다.

제5장

생물의 성 분화와
생물 다양성

46억 년 전에 지구가 탄생한 후 최초의 생물은 38억 년 전에 탄생하였다고 한다. 처음 탄생한 생물은 단세포 생물로 당시의 원시 지구는 수소, 메탄, 암모니아로 구성되어 있었기 때문에 원시 생물은 주변 환경에서 에너지와 음식물을 섭취하였으며, 발효 과정으로 에너지를 만들어 냈다. 홍색 황세균, 녹색 황세균 등은 전자 공여자를 물이 아닌 황화 수소, 황, 철 등을 사용하는 무산소 광합성을 한다. 원핵생물에서 진핵생물로 변화한 시기는 확실하지 않고 또 다세포 생물로 진화한 시기 역시 불분명하다. 발효는 혐기성, 즉 산소가 없는 환경에서만 가능한 과정이었으며, 광합성하는 세포가 만들어지면서 에너지원을 직접 생산해 내는 세포가 생겨났다. 지구 위 모든 생물의 에너지는 광합성에 직·간접적으로 의존한다. 가장 흔한 형태인 산소 광합성은 이산화 탄소, 물, 햇빛으로 에너지원(포도당)을 만드는 과정이다.

38억 년 전 지구 상에 처음 탄생한 원형 단세포 생물은 원핵생물에서 진핵생물로, 또한 단세포 생물에서 다세포 생물로 무성 번식을 하면서 26억 년이란 오랜 선캄브리아 기간을 살아왔다. 그러나 선캄브리아 말기 12억 년 전에 비로소 성 분화가 이루어졌다고 하니 무성적으로 증식하는 동안에 생물 다양성을 유지하는 데에는 돌연변이만이 유일한 방법이 되었을 것이다. 만일 돌연변이가 없었다면 지구 상에 처음 탄생한 원시 생물은 지금까지 아무런 변화 없이 원형 단세포(그림 5-1)로 존속되었을 것이다. 유전적 변이를 만드는 수단이 없기 때문이다.

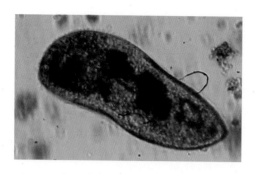

그림 5-1 **지구 상에 탄생한 최초의 가상 생물 모양**

처음 탄생한 원시 원핵 세포는 무성적으로 증식하면서 26억 년 동안 생존해 왔다. 이 시기는 엄밀히 말하면 후대가 아니고, 무성적으로 증식했기 때문에 26억 년 동안의 모든 생물은 형제라고 해야 옳은 표현이다. 무성적으로 하나의 세포가 둘로 나뉘는 클론(clone) 증식이기 때문이다. 그러나 이 경우 하나의 세포에서 두 개의 세포로 나뉠 때 그중 한 세포만 유전자에 변화가 생길 수 있고 이것은 같은 세포에서 나뉜 세포이지만 유전자가 달라져 원래의 세포와는 다른 체세포 돌연변이(somatic mutation) 형제 세포가 된다. 이러한 체세포 돌연변이는 지구 상에 처음 탄생한 원핵 세포가 무성적으로 26억 년이나 살아오면서 체세포 돌연변이만이 유일한 변이 창출 수단이 되었고, 12억 년 전 유성 생식으로 전환되면서 체세포 돌연변이가 아닌 생식 세포 돌연변이(germinal mutation)로 후대를 계승하게 되어 현재에 이르게 된 것이다.

12억 년 전에 성 분화가 생긴 것으로 짐작되는데 무성 생식에서 유성 생식으로 전환하는 것도 돌연변이가 아니고서는 있을 수 없는 현상이다. 그러나 현재 지구 상의 생물은 5천만 종 이상으로 다양해졌다. 이렇게 많은 생물 종으로 늘어난 원인은 무엇일까? 해답은 성이 분화되면서 돌연변이 하나로 유전적 변이를 생성케 하던 것이 성 교잡을 통한 유전 변이를 복합적으로 적용하게 되면서 변이 폭이 대폭 증가된 결과로 해석된다.

　성 분화가 되기 전 26억 년이라는 오랜 기간이 지속되었는데 이 시기의 생물은 큰 변화 없이 서서히 조금씩 변화하고 있었던 것으로 짐작된다. 그러나 12억 년 전에 성 분화가 생김으로써 점차 단순한 생물에서 복잡한 생물로 변화하게 되었다. 최초의 다세포 생물은 약 6억 년 전에 발생하였다고 추정하고 있는데 6억 년 전 선캄브리아기(Precambrian period)부터 캄브리아기가 시작될 때까지의 생물들은 물렁거리는 몸을 가지고 있었다. 이 생물들을 에디아카라 생물군이라고 부르며(그림 5-2) 사이클로메두사(cyclomedusa), 디킨소니아(dickinsonia), 킴버렐라(kimberella),트리브라키디움(tribrachidium) 등 상당히 다양한 생물 종류가 지구 여러 곳에서 발견되고 있다. 대표적 화석은 스트로마톨라이트가 있다. 38억 년 전에 단세포 생물이 태어나 6억 년 전까지 32억 년 동안을 단세포 상태로 큰 변화 없이 생존하고 있다가 12억 년 전 성이 분화되면서 에디아카라 생물군으로 진화한 것은 성이 분화되면서 성 교잡에 의한 변이와 돌연변이가 복합적으로 변이 폭을 증가시킨 결과라고 볼 수 있다. 딱딱한 껍데기를 가진 생물들은 선캄브리아기 마지막에 나타난다.

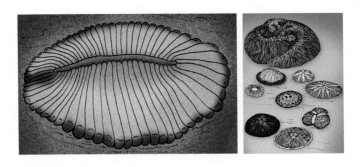

그림 5-2 **선캄브리아기 에디아카라 동물들을 재현한 모습**

　무성 생식에서 유성 생식으로 전환하는 변화도 유전적으로 큰 변화가 있어야 하는데 이 과정에 돌연변이가 아니고는 성 분화가 있을 수 없다고 판단된다.

　5억 4천만 년 전부터는 굉장히 다양한 생물들이 나타난다. 선캄브리아기 시대 말기에 나마포이키아(namapoikia), 네미아나(nemiana), 네오네레이테스(neonereites), 님비아(nimbia), 디킨소니아(dickinsonia), 랑게아(rangea) 등 에디아카라 동물군으로부터 시작된 이 변화는 캄브리아기의 다양하고 현대적인 오파비니아(opabinia), 삼엽충(trilobita), 아노말로카리스(snomalocaris) 등 버제스 동물군(Burgess fauna)의 출현으로 이어진다(그림 5-3). 생물군이 급속도로 다양해진 이 변화를 캄브리아기의 대폭발이라고 부른다. 유전적 변화가 급격히 증가했다는 뜻인데 첫째는 생물 종이 늘어났고 둘째는 돌연변이 유전자의 축적 그리고 셋째는 성 교잡에 의한 변이의 세 가지 요소가 복합적으로 작용된 결과라고 해석된다. 유성 생식 생물의 경우, 자식 세대의 유전자는 부모의 유전자가 혼합되는데 체세포 유전자(2*n*) 상태에서 반드시 감수 분열을 거쳐 생식 세포(*n*)가 되어야 하고 부모의 생식 세포끼리 접합을 거쳐 2*n* 체세포를 가진 자식으로 성장한다. 양쪽 부모에게서 물려받은 유전자는 서로 쌍을 이루는데 사람은 어머니에게서 스물세 개, 아버지에게서 스물세 개의 유전자를 받아 마흔여섯 개의 체세포를 가진다.

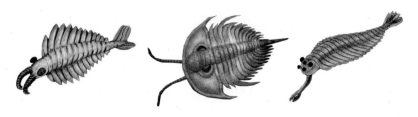

그림 5-3 **캄브리아기 버제스 동물들**

자식에게 전달된 유전 형질은 독립의 법칙에 따라 후대에 독립적으로 유전된다. 유성 생식은 유전자 조합을 달리하여 다양한 개체 차가 나타나도록 함으로써 진화를 촉진하는 요소가 되기도 한다. 그림 5-4의 나방의 경우, 짝을 이루는 염색체 A1-A2가 있을 때 검정색 우성 유전자 B가 염색체 A1에 있고 이와 대립 형질 관계에 있는 흰색 열성 유전자 b가 염색체 A2에 있다면 유전자는 Bb가 되어 검정색이 되지만 다음 세대를 만들기 위해서 다시 유전자 B와 b가 분리되어 3세대 후손은 BB, Bb, bb로 유전자 쌍이 이루어진다. 이런 경우는 자매끼리 결혼을 하는 경우인데 동물에서는 보기 드문 일이다. 이 경우 무성 생식을 하는 생물은 Bb의 유전자를 지닌 개체로만 증식하지만 유성 생식 생물은 유전자 조합이 BB, Bb, bb

의 세 가지로 늘어나면서 무성 생식에 비해 보다 다양한 환경에 적응할 수 있는 이점이 있다. 즉, 염색체에는 발현되지 않은 대립 형질도 여전히 독립적으로 유전되어 변화하는 환경에 종을 지속할 수 있는 능력을 높이게 된다.

그림 5-4 **나방의 털색 변이 유전**

제6장

인류의 진화

1. 인류의 조상은 누구인가

영장류인 유인원(類人猿)은 사람상과에 해당하고 긴팔원숭이과 (Hylobatidae)와 사람과(Hominidae)가 이에 속한다. 긴팔원숭이과 에는 긴팔원숭이, 볏긴팔원숭이 등 4속 17종이 포함된다. 사람과 에는 고릴라, 오랑우탄, 침팬지, 사람 등 4속 7종을 포함하여 대형 유인원류라고 하며 모두 2과 8속 24종으로 나뉜다.

현생 인류(호모 사피엔스)의 기원과 확산을 설명하는 가장 널리 알려진 학설은 지금으로부터 20만 년 전에 아프리카에서 출현한 호모 사피엔스의 일부 집단이 6만 5천~7만 년 전 무렵에 아프리카 에서 서서히 전 대륙으로 이동하고 진화하면서 여러 인종과 민족이 현재 지구촌에 분포하게 되었다는 것이다. 호모 사피엔스에 훨씬 앞 서 40~50만 년 전 무렵에 아프리카를 벗어나 이미 여러 지역에 흩 어져 살던 다른 고인류 종들은 멸종하였으며, 호모 사피엔스가 그 자리를 대체했다는 것이다.

그러나 최근 들어 현생 인류의 기원과 관련해 새로운 화석이 발 견되고, 또한 고인류의 유전체(genome)를 분석하는 기법들이 발전 하면서 인류의 진화 역사를 설명하는 주류 학설에 변화가 생기고 있어서 주목되고 있다. 변화의 원인은 혁신적으로 발전한 염기 서열 분석 기법과 새로 발견한 화석 조각들이다. 그 하나는 이미 널리 알려진 네안데르탈인(Neandertal man) 화석이며, 지난해 발표돼 주목의 대상이 된 시베리아 지역의 데니소바인(Denisovan) 화석 그리고 얼마 전에 발표된 남아프리카 지역의 오스트랄로피테쿠스 세디바(Australopithecus sediba)로 불리는 세디바인 화석이다.

네안데르탈인과 데니소바인 화석에서 추출한 소량의 DNA를 증폭하여 분석한 결과, 뜻밖에도 지금 살고 있는 인류의 일부 지역 인구 집단들의 게놈에 고인류와 공유하는 1 내지 5퍼센트 가량의 DNA가 잔존하고 있었다. 이는 현생 인류가 아프리카에서 나온 뒤 확산하는 과정에서 네안데르탈인과 데니소바인이 짝짓기를 하여 유전자를 교환했을 가능성이 있을 것이라 생각된다. 그렇다면 현생 인류가 아프리카에서 나와 호모 사피엔스만의 고유한 유전체를 유지하며 여러 인종으로 분화했을 거라는 기존 설명은 적절하지 못하며 현생 인류의 진화가 훨씬 복잡하다는 해석도 된다.

또한 최근에는 세디바인 화석이 인류가 진화 계통상 더 오래된 유인원 오스트랄로피테쿠스속과 연결돼 있음을 보여 주는 해부학적 증거들을 지닌 것으로 제시되었다. 즉, 오스트랄로피테쿠스속과 호모속을 연결하는 징검다리 종이었을 가능성을 보여 준다는 것이다.

이런 최근 연구들은 우리 자신의 오래된 역사를 파고든다는 점에서 매우 높은 관심을 받고 있으나 아직은 현재 진행이기 때문에 여전히 연구 결과에 대한 의문이 제기되고 있으며 세부적인 논란도 벌어지고 있다는 점을 염두에 두고서 바라봐야 할 듯하다. 후속 연구들에서 더 많은 증거와 분석들이 쌓이고 뒷받침되면서 인류 진화의 역사는 점점 더 정교하게 서술될 것으로 보인다.

2. 사람은 원숭이와 무엇이 다른가

표 6-1은 인류 진화와 관련해 사람상과(호미니드)에 속한 다른 영장류들의 속을 분류한 표이다. 결정적인 변화는 인간은 4번 염색체에 역위가 일어난 염색체를 가지고 있으나 침팬지, 고릴라, 오랑우탄은 4번 염색체에 역위가 없다. 즉, 염색체의 역위는 바로 돌연변이에 해당된다. 침팬지, 고릴라, 오랑우탄의 염색체는 마흔여덟 쌍으로 사람의 마흔여섯 쌍보다 많다. 그림 6-1은 인류 진화의 역사를 큰 그림으로 조망한 것이다. 영장류에서 오랑우탄은 1,200만 년 전에 분리되어 나갔고, 다음으로 800만 년 전에 고릴라가 분리되었으며, 인간과 가장 가까운 침팬지는 700만 년 전에 돌연변이 유전자(Neu5Ac)에 의해 갈라진 것으로 해석되고 있다. 최근 유전체 분석에 따르면 원숭이류의 염색체 마흔여덟 개 중 12번과 13번이 합쳐져 인간의 2번 염색체가 되어 사람의 염색체 수는 마흔여섯 개로 줄어든 것이다.

표 6-1 영장류의 진화를 나타내는 계통 분류

사람상과 (Hominoidea)	긴팔원숭이과 (Hylobatidae)			긴팔원숭이속 (Hylobates)
				큰긴팔원숭이속 (Symphalangus)
				훌록속(Hoolock)
				볏긴팔원숭이속 (Nomacus)
	사람과 (Hominidae)	오랑우탕아과 (Ponginae)	오랑우탕족 (Pongini)	오랑우탄속 (Pongo)
		사람아과 (Homininae)	고릴라족(Gorillini)	고릴라속(Gorilla)
			사람족(Hominini)	침팬지속(Pan)
				사람속(Homo)

그림 6-1 유인원들이 사람과 분리되어 나간 추정 연대

영장류를 비롯한 포유류는 세포 표면에 Neu5Gc라는 당 분자를 지니고 있는 반면 인류는 Neu5Ac라는 당 분자를 지니고 있다. Neu5Ac에서 Neu5Gc를 만드는 효소 유전자에 돌연변이가 생겼기 때문이다. 두 분자 역시 DNA와 RNA처럼 차이가 미미해 Neu5Ac 분자 말단의 수소(-H)가 수산기(-OH)로 바뀌면 Neu5Gc가 된다(그림 6-2).

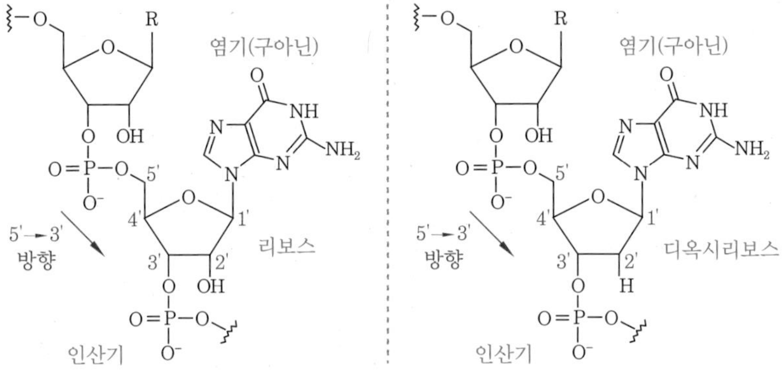

그림 6-2 **침팬지(왼쪽)와 사람(오른쪽)의 DNA 차이**

인류는 계속해서 뇌 용량이 커지는 쪽으로 진화했다. 400만 년 전 오스트랄로피테쿠스의 뇌 용량은 450cc에 불과하였고, 200만 년 전 호모 에렉투스는 1,000cc로 뇌 용량이 커졌다. 그 다음 40만 년 전 호모 사피엔스의 뇌 용량은 1,350cc로 늘어났고, 현대인은 1,480cc로 증가했다. 4백만 년 전 450cc의 뇌 용량을 지녔던 오스트랄로피테쿠스는 불을 사용할 줄 몰랐고 200만 년 전 1,000cc의 뇌 용량을 가졌던 호모 에렉투스는 불을 사용할 줄 알았으니 문화적 진화라고 할 수 있겠다. 최근 인류 진화에서는 뇌 용량보다 뇌 혈류량이 인류의 지능 발달에 더 큰 영향을 미친 것으로 호주 애들레이드 대학 로저 시모어(Roger Seymour) 명예 박사는 해석하고 있다. 인간은 진화 과정에서 뇌 용량이 커졌지만 뇌 혈류량이 더 많이 증가했다는 연구 결과를 발표했다. 두개골 아래 뇌혈관이 지나가는 두 개의 구멍이 진화 과정에 따라 일정하게 커지는 것을 발견했다. 인간의 뇌 용량은 불과 2%밖에 안 되지만 혈류는 20%가 뇌로 흐르고 있다는 사실과 일치하는 점이다. 그리고 40만 년 전 인류는 의식주(衣食住)의 부족 사회를 이끄는 문화를 누리기 시작한 셈이다.

현대인은 뇌 용량이 1,480cc로 증가함에 따라 많은 변화가 일어나게 된 것이다. 문화적 진보와 가족 이외의 사회 공동체가 형성되는 문화적 진화가 이루어진 것이다. 공동체의 대표가 있고 각 공동체마다 각각의 생활 양식이 있고 규범이 형성되어 공동체를 보호하고 이끌어 가는 그들만의 의식이 탄생하였다. 하지만 이때까지 인류는 그림은 그릴 줄 알았지만 문자는 없었으니 진정한 문화가 탄생하였다고 하기에는 미흡하다 할 수 있다.

다윈은 인간의 진화 계통도가 인간의 언어를 분류하는 방법이 될 것이라 예측하였다. 인간 진화는 수직적 흐름이고 언어는 수평적으로 전달되어 상관성이 없어 보이지만 인간 지능의 발달과 언어는 수직적 흐름이기도 하다고 보는 것이 타당할 것 같다. 언어는 자연선택이 아니라 인간의 선택이다. 이는 로마 제국의 라틴어가 켈트어로 대체되었고 영국의 앵글로·색슨어가 라틴어로 대체된 현상이 증명하고 있다.

인간은 유일하게 말을 구사하는 동물이고 인간 사회에서 말은 의사소통의 기본이다. 말은 사람과 사람을 이어 주는 다리이고, 말은 마음의 소리라는 것이다. 오직 인간만이 말을 구사할 수 있을까? 사람에 가장 가까운 침팬지는 훈련을 하더라도 극히 제한된 단어만 발음할 수 있다. 하지만 사람은 자신의 의사를 소리 내어 유창하게 대화한다. 앞서 사람과 침팬지의 유전자 구조가 무려 98.75%나 같다는 연구 결과를 내놓은 바 있다. 이 결과에 따르면 사람과 침팬지의 유전적 차이는 1%에 불과하다. 그 1%의 차이가 무엇이기에 사람과 침팬지를 전혀 다른 운명의 길로 갈라놓았을까? 과학자들의 노력으로 최근 1% 차이의 수수께끼가 조금씩 풀리고 있는데 그중 대표적인 것이 폭스피2(FOXP2) 언어 유전자이다. 과학자들은 폭스피2가 인간의 언어 구사에 중요한 역할을 한다는 사실을 밝혀냈다. 인간은 폭스피2라는 언어 유전자를 갖고 있는데 이 유전자가 오랜 진화 과정에서 돌연변이를 일으켜 사람이 정교한 언어 구사 능력을 갖게 되었다는 것이다. 그런데 폭스피2는 인간뿐만 아니라 다른 포유동물도 가지고 있다. 폭스피2가 언어 구사에 중요한 역할을 한다고 했는데 그렇다면 어째서 인간을 제외한 포유동물은 말을 하지 못하는가!

이에 독일 막스 플랑크 진화 인류학 연구소와 영국 옥스퍼드 대학 연구진은 이 유전자를 더욱 깊이 연구하였다. 그리고 인간은 폭스피2 유전자에서 중요한 변화가 발생해 침팬지나 쥐 등과 다른 독특한 언어 구사 능력을 갖게 됐다는 것을 확인하였다. 사람과 침팬지 사이에서 아주 미세한 염기 서열 차이를 나타내는 폭스피2 유전자에 돌연변이가 일어난 것이다. 이런 차이가 사람에게 언어 능력을 가져다 준 것이다. 모두 715개의 아미노산 분자로 구성된 폭스피2 유전자는 인간의 경우, 쥐와는 세 개, 침팬지와는 단 두 개만 분자 구조가 다르다. 이러한 미세한 차이가 단백질의 모양을 변화시켜 얼굴과 목, 음성 기관의 움직임을 통제하는 뇌의 일부분이 훨씬 복잡하게 형성됨에 따라 인간과 동물의 능력에 엄청난 차이가 발생한 것이라고 한다.

사람의 경우, 언어 유전자 폭스피2에서 두 개의 아미노산이 돌연변이를 일으켰고, 그 결과 인간은 혀와 성대, 입을 매우 정교하게 움직여 복잡한 발음을 할 수 있는 능력을 얻게 되었다는 것이다. 두 개의 변이를 제외하면 인간과 다른 동물의 폭스피2는 거의 똑같다. 이 같은 돌연변이가 일어난 시점은 현생 인류인 호모 사피엔스(Homo sapiens)가 출현한 시점과 일치한다고 한다. 폭스피2의 돌연변이는 12~20만 년 전에 처음 일어났으며, 현재 인간이 가진 형태의 유전자 변형은 진화 과정 후기인 1~2만 년 전에 완성돼 빠른 속도로 전파된 것 같다고 한다. 사람만이 폭스피2 유전자의 급속한 진화를 거쳐 지난 20만 년 동안 언어가 퍼져 나간 것으로 보인다. 이런 결과는 해부학적으로 볼 때 현생 인류의 등장이 20만 년 전이라는 고고 인류학 연구와도 일치한다. 실제로 폭스피2 유전자에 이상이 있는 사람은 말하기와 문법 등에 심각한 언어 장애가 생긴다.

문자는 그림을 더 간결하게 생략해 만든 상형 문자가 생겨나기 시작하면서 탄생하였는데 세계 최초의 문자는 기원전 3,000년경 또는 그보다 약간 앞선 시기부터 사용되었다고 전해진다. 그러니 문자를 사용한 시기는 1만 년이 채 안 된다. 현재 사용하고 있는 언어는 3,000~4,000종이 된다고 하는데 문자는 100여 종에 불과하다. 인류의 문화와 문명은 문자의 탄생과 더불어 급속도로 발전하기 시작하여 오늘에 이르렀다.

DNA 분석 결과, 인간과 침팬지의 유전자가 98.75% 동일한 것으로 나타났는데 왜 그리 다른가? 여기에는 염색체 수와 구조적 차이가 있다. 인간 염색체는 마흔여섯 개(스물세 쌍)이나 침팬지는 마흔여덟 개(스물네 쌍)로 수에 차이가 있고, 인간의 4번 염색체에 역위가 일어난다는 점에서 다르다. 원숭이의 염색체 두 개가 결합하여 한 쌍이 줄어든 결과라고 해석된다. 그러므로 인간은 유전자 돌연변이뿐만 아니라 염색체 돌연변이까지 여러 차례 돌연변이 과정을 거쳐 탄생한 슈퍼 돌연변이인 셈이다.

3. 인류의 기원 700만 년은 무엇 때문인가

투마이(Toumai), 일명 사헬란트로푸스 차덴시스(Sahelanthropus tchadensis)는 멸종된 최초의 화석 인류로서 대략 7백만 년 전에 생존했던 것으로 여겨진다. 중신세에 존재했던 것으로 알려져 있으며 특히 아프리카 유인원과 연관되어 있다.

1925년 과학계는 영국의 과학 전문지 '네이처(Nature)'에 발표된 한 논문에 경악했다. 남아프리카의 해부학자 레이먼드 다트(Raymond Dart)가 300만 년 전에 살았던 인류의 조상인 '오스트랄로피테쿠스'의 화석을 발굴한 것이다. 하지만 그때까지 알려진 가장 오래된 인류의 화석이 길어야 50만 년 전의 것이었기 때문에 당시 오스트랄로피테쿠스는 원숭이의 화석으로 매도당했다. 그러나 그 뒤에 이보다 훨씬 더 오래된 화석들이 발견되면서 인류의 기원사는 경신되었다.

프랑스 푸아티에 대학의 미셸 브뤼네(Michel Brunet) 박사 연구팀이 중앙아프리카 차드 공화국에서 발굴해 '네이처'에 발표한 사헬란트로푸스 차덴시스(일명 투마이 원인)는 오스트랄로피테쿠스 발굴에 맞먹는 사건으로 받아들여지고 있다. 사헬란트로푸스 차덴시스라는 이름은 화석이 사하라 사막 남부에 맞붙어 있는 차드의 사헬 지대에서 발굴됐다는 뜻에서 명명됐다.

연구팀은 함께 발굴된 동물 화석과 비교한 결과, 사헬란트로푸스는 가장 오래된 인류의 조상인 원인(猿人)의 화석이며 연대는 600만 년에서 700만 년 전으로 추정했다. 이는 지금까지 발견된 원인 화석보다 최소한 100만 년 이상 앞서는 것이다. 최근 과학자들은 인간과 침팬지의 게놈을 해독한 결과, 두 생물이 공동 조상에서 갈라진 시기를 500만 년에서 700만 년 전 사이로 추정하였다(그림 6-3).

투마이(Toumai)

700만 년 전, 가장 오래된 인류의 조상인 원인으로 아프리카 북부 주랍 사막에서 발견되었다. '투마이'란 이름은 현지어로 '삶의 희망'이란 뜻이다.

투마이 아르디

440만 년 전 인류. 침팬지 중간 모습. 일명 아르디로 불리는 아르디피테쿠스 라미두스(Ardipithecus ramidus)는 440만 년 전 아프리카 밀림 지대에 살았던 인류의 조상으로 추정된다. 1992년 에티오피아에서 뼛조각이 처음 발견되었다.

오스트랄로피테쿠스 세디바
(Australopithecus sediba)

180만 년 전 원인. 남아프리카 공화국에서 리 로저스 버거(Lee Rogers Berger)의 아들 메튜 버거(Matthew Berger)가 처음 발견하였 다.

투마이이달투
(Homo sapiens idaltu)

16만 년 전, 현생 인류의 가장 오래된 조상. 20만 년 전 동아프리카에서 태어났고 이들이 세계 각 지역으로 이동하며 현재 인류가 되었다. 에티오피아 아파르 지역 강가에서 발견되었다.

투마이플로레시엔시스
(Homo floresiensis)

1만 8,000년 전에 살았던 난쟁이 인류. 인도네시아 자바 섬 동쪽에 있는 섬 동굴에서 발견되었다.

그림 6-3 **인류 진화의 연결 고리 해석을 뒷받침하는 두개골들**

차드 공화국은 이제까지 원인(猿人) 화석이 주로 발견된 동부 아프리카의 리프트 밸리(Rift Valley)에서 서쪽으로 2,400여 킬로미터 떨어진 곳에 있다. 25년간 이 지역에서 발굴 작업을 이끈 브뤼네 박사팀은 '사헬란트로푸스의 발굴로 사바나(열대 초원) 지대인 동부 아프리카에서만 원인이 존재했다는 기존의 학설은 원인들이 아프리카 전역에 살았다는 것으로 수정돼야 할 것'이라고 주장했다. 이들은 또 '화석이 발견된 지역은 과거에 숲으로 우거졌던 지역이기 때문에 원인이 초원 지대에서만 살았다는 학설도 깨지게 될 전망'이라고 덧붙였다. 한편 이번 발굴에 대해 신중한 평가가 필요하다는 의견도 나오고 있다.

동부 아프리카에서 가장 유명한 유적지는 올두바이 협곡(Olduvai Gorge)이다. 올두바이 유적지는 탄자니아(Tanzania) 북부의 세렝게티(Serengeti) 평원에 있다. 올두바이에서 발굴된 초기 호미니드의 화석들은 루이스 리키(Louis Leaky)와 메리 리키(Mary Leaky)가 오랜 기간 발굴하고 연구한 결과였다. 루이스는 1931년에 올두바이에서 연구를 시작했고, 그의 아내인 메리는 1935년에 합류하였으며, 1959년에 이르러서 그들은 최초로 초기 호미니드의 화석(early hominid fossil)을 발견하였다. 루이스 리키는 이 화석에 진잔트로푸스 보이세이(Zinjanthropus boisei)라는 새로운 속명과 종명을 부여했다. 진잔트로푸스 보이세이의 글자 그대로의 뜻은 동아프리카인(East African man)이라는 뜻이다(그림 6-4).

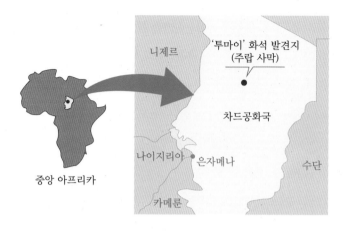

그림 6-4 **투마이 화석이 발견된 동부 중앙 지역**

1974년에 도널드 조핸슨(Donald Johanson)이 이끄는 고인류학 연구팀은 에티오피아 북부 아파르(Afar) 사막 지대의 하다르(Had-ar) 유적지에서 오스트랄로피테신(Australopithecine)의 화석을 발굴했다.

성인 여성의 화석이었는데 인골의 40% 정도가 완전하게 출토되었다. 발굴팀은 이 화석에 루시(Lucy)라는 애칭을 부여했다. 루시는 키가 105~120cm 정도였고, 몸매가 날씬했으며, 320~318만 년 전에 살았다. 조핸슨은 이제까지 발굴된 화석들과 루시는 다른 종이라고 결론지었다. 조핸슨은 루시를 오스트랄로피테쿠스 아파렌시스(Australopithecus afarensis)라고 명명했다. 아파렌시스는 화석이 출토된 아파르 사막 지역의 이름을 따온 것이었다. 1974년 이래 에티오피아에서 아파렌시스종의 또 다른 화석들이 많이 발굴되었으나 루시만큼 완전한 형태로 발굴된 화석은 없다.

1995년에 미브 리키(Meave Leakey)는 투르카나 호수의 남서쪽에서 아주 이른 시기의 오스트랄로피테신 종(very early Australo-pithecine species)의 몇 가지 뼛조각들을 발굴했다. 리키는 이 화석을 오스트랄로피테쿠스 아나멘시스(Australopithecus anamen-sis)라고 명명했다. 아남(Anam)이란 투르카나 언어로 '호수'라는 뜻이다. 아나멘시스의 치열(dentition)은 원숭이와 오스트랄로피테신의 중간 과도기적 형태였다. 그리고 화석이 묻혀 있던 화산재(volcanic ash)의 연대는 417~407만 년 전이었다(그림 6-5).

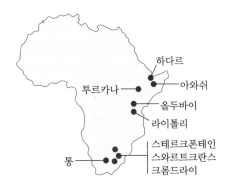

그림 6-5 **오스트랄로피테쿠스 화석 발굴 지역**

이외에도 초기 호미니드의 화석들은 동부와 중부 그리고 남부 아프리카의 여러 곳에서 발굴되었다. 올두바이 유적지 근처에 있는 로소감(Lothogam)에서도 화석이 출토되었고, 로소감에서 멀지 않은 카나포이(Kanapoi)에서는 400만 년 전의 화석이 출토되었다. 가까운 장래에 더 많은 초기 호미니드 화석들이 발견될 것 같다.

오스트랄로피테쿠스 아나멘시스가 나타난 것은 420만 년 전이다. 그 이전은 호미니드 화석 증거(fossil hominid record)에서 공백으로 남아 있었는데 이제 그 당시 오스트랄로피테신으로 이끌었던 진화의 잃어버린 모습들(missing picture of evolution)을 채울 수 있는 발견들이 시작되고 있다.

1992년에 팀 화이트(Tim White)와 에티오피아 연구원들은 에티오피아 북부의 아와쉬(Awash) 지역의 아라미스(Aramis) 유적지에서 오스트랄로피테신의 직접적인 조상으로 추정되는 화석들을 발굴했다. 이 화석의 치아는 원숭이(apes)와 오스트랄로피테쿠스 아나멘시스 간의 과도기적인 것으로 보인다. 이 화석들은 현재의 원숭이 중에서 침팬지와 가장 유사한 모습을 보여 준다. 그러나 이 화석들은 원숭이는 분명 아니었다. 아라미스에서 발굴된 이 호미니드 화석은 연대가 440만 년 전이고, 두 발 보행(bipedalism) 진화에서 최초의 단계를 보여 주고 있다. 화이트는 이 화석에 아르디피테쿠스 라미두스(Ardipithecus ramidus)라는 새로운 속명과 종명을 부여했다.

2002년 7월 11일 '네이처'에 브뤼네와 그의 동료 연구원들은 중부 아프리카 차드(Chad)의 주랍 사막(Djurab desert)의 토로스 메날라(Toros-Menalla) 지역에서 700~600만 년 전의 호미니드 두개골(hominid skull)을 발굴했다고 발표했다. 이 가장 오래된 호미니드 화석에는 사헬란트로푸스 차덴시스라는 속명과 종명이 붙여졌다. 사헬란트로푸스 차덴시스라는 명칭은 이 화석이 발견된 사헬(Sahel) 지대의 이름과 국가명 차드에서 따왔다. 차드(Chad)의 불어가 Tchad이다. 발굴팀은 이 화석에 투마이(Toumai)라는 비공식적 이름도 부여했다. 투마이는 그 지역 고란(Goran) 사람들의 언어로 '삶의 희망(hope of life)'이라는 뜻이다.

사헬란트로푸스 차덴시스는 침팬지와 오스트랄로피테신의 해부학적 특징들을 모두 가지고 있다. 그러나 사헬란트로푸스 차덴시스가 두 발 보행을 했는지에 대해서는 아직 밝혀지지 않았다. 이 화석은 몇 가지 이유로 주목을 받고 있다. 첫째 사헬란트로푸스 차덴시스는 최초의 호미니드의 진화가 동아프리카 지구대(Great Rift Valley of East Africa)에서만 일어난 것이 아니라 그 밖의 지역에서도 일어나고 있었다는 것을 보여 준다. 둘째 사헬란트로푸스 차덴시스는 침팬지와 인류의 공동 조상은 600~700만 년 전보다 더 거슬러 올라간다는 것을 보여 준다.

밀퍼드 월포프(Milford Wolpoff)는 투마이 화석에 대한 브뤼네의 분석에 의문을 제기한다. 월포프는 2002년 10월 10일 '네이처'에서 투마이는 호미니드 화석이 아니라 원숭이 화석(fossil ape)이라고 주장하였다.

제7장

20세기 녹색혁명

1. 자연돌연변이

돌연변이는 DNA의 유전 정보가 전자파, 방사선, 화학 물질 등의 요인에 의해 원본과 달라지는 것을 말한다. 돌연변이로 인해 원본과 달라진 유전자는 이전과는 다른 단백질을 생산하며, 그리하여 유전 형질에 변화가 나타나게 된다. 돌연변이설은 이러한 돌연변이가 축적되어 다양한 유전자 풀을 만들게 하며, 돌연변이로 다양해진 유전자 풀이 자연 선택을 거쳐 생물을 진화하게 만든다고 한다.

자연 발생적인 자연돌연변이(spontaneous mutation)는 100만 번에 한 번 꼴로 일어나는데 생물의 종류에 따라 이보다 더 빈번히 혹은 적게 발생하기도 한다. 인위적으로는 방사선을 쬐거나 약품 처리를 하여 보다 높은 빈도로 돌연변이를 만들 수 있는데 이를 인위돌연변이(induced mutation)이라 한다. 유전 물질로 RNA를 사용하는 바이러스의 경우는 돌연변이가 쉽게 자주 일어나 생존력이 강하다고 할 수 있다. 생체에서 살아남기 위해서는 면역 체계를 극복할 수 있는 다른 유전 정보가 생존에 유리하기 때문이다. 페니실린 같은 항생제에 저항력을 가진 사람의 생명을 위협하는 병원균과 새로운 항생제에도 적응한 병원균이 나타나고 있는데 그것이 돌연변이에 의한 바이러스, 미생물 등의 진화적 생존 수단이 된다.

돌연변이는 유전자 재조합 과정에서 일어나는 유전자 중복이다. 유전자 중복의 결과로 나타나는 새로운 유전자는 진화의 원인이 되기도 한다. 유전자 재조합을 통해 다음 세대로 전달된 돌연변이는 기존의 유전자와 다른 기능을 발현하는 유전자 집단이 되고 종으로 분화하기도 한다.

돌연변이는 유전자 수준에서만 일어나는 것은 아니다. 염색체 수준에서 일어나는 대규모 돌연변이도 있는데 가장 가까이에서 찾아볼 수 있는 예는 인간의 2번 염색체이다. 다른 영장류는 스물네 쌍의 염색체를 갖는 데 비해 인간은 스물세 쌍의 염색체를 갖는다. 바로 별개의 두 염색체가 접합되어 하나의 염색체가 되는 돌연변이가 일어났기 때문이다. 유전자 중복과 염색체의 분리, 접합만이 아니라 잡종으로 인한 염색체 재배열, 게놈 안에서 위치를 바꿀 수 있는 유전자 집합인 전이성 유전자 역시 유전자 변화에 중요한 역할을 담당하고 있다. 이러한 여러 돌연변이로 유전 정보가 변화되고 진화의 원천이 되는 것이다.

돌연변이의 종류는 돌연변이가 작용하는 방식과 규모에 따라 소규모와 대규모로 다시 나뉜다. 소규모 돌연변이는 DNA와 RNA를 구성하는 뉴클레오타이드 단위에서 일어나는 돌연변이인데 소규모 돌연변이에는 점 돌연변이(point mutation), 삽입 돌연변이(deletion mutation), 결실 돌연변이(insertion mutation)가 있다. 점 돌연변이는 하나의 뉴클레오타이드가 변이되면서 나타나는 것으로 DNA 전사 단계에서 특정 단백질의 생성을 막거나 변형시킨 것이다. 아데닌과 구아닌이 뒤바뀌어 전사되거나, 시토신과 티민이 뒤바뀌어 전사되는 경우이다. 점 돌연변이는 열성 돌연변이(recessive mutation), 미스센스 돌연변이(missense mutation), 난센스 돌연변이(nonsense mutation)로 또 나뉘는데, 열성 돌연변이는 변이가 되었지만 기존과 같은 아미노산을 생성하도록 변이가 되어 돌연변이의 효과가 없는 것이고, 미스센스 돌연변이는 다른 아미노산을 생산하도록 하는 경우이며, 난센스 돌연변이는 아예 아미노산의 형성이 중단되거나 생략되는 경우이다. 삽입 돌연변이는 뉴클레오타이드 일부가 원래의 염기 서열 사이로 삽입되어 일어나는 돌연변이이며, 결실 돌연변이는 원래 있던 뉴클레오타이드의 일부가 사라져 버린 돌연변이를 말한다.

대규모 돌연변이는 염색체 수준에서 일어나는 돌연변이다. 두 개 이상의 유전자 중복 또는 결실, 염색체 역위, 염색체 전위, 이형 접합 소실이 있다. 유전자 중복은 상동 염색체의 재조합 과정에서 레트로트랜스포존(retrotransposon)이 오류를 일으켜 염색체의 일부 구간이 중복되어 복제되는 현상이다. 생물학자 스스무 오노(大野乾)는 1970년에 공통 조상에서 종 분화가 일어나는 가장 큰 원인이 유전자 중복이라고 지목했다. 식물에서는 유전자 중복이 비교적 쉽게 일어나는 현상으로 밀의 경우에는 동일한 유전체가 여섯 배수로 존재한다. 하지만 이는 유전성 질환의 원인이 되기도 한다. 사람에게서 나타나는, 손발의 근육이 위축되며 모양이 변형되는 샤르코

마리 투스 질환(Charcot Marie Tooth disease)의 원인은 염색체의 손발의 말초 신경 발달에 관여하는 구간에서 일어나는 유전자 중복이 원인이다. 이 병은 10만 명당 서른여섯 명꼴로 발병한다.

유전자 결실은 유전자 중복과 반대로 염색체의 일부가 유전자 재조합 과정에서 누락되어 일어나는 돌연변이다. 크리두샤 증후군(Cri-du-chat syndrome), 윌리엄스 증후군(Williams syndrom), 듀센형 근이영양증(Duchenne muscular dystrophy) 등의 유전성 질환의 원인이 된다. 하지만 유전성 질환을 앓고 있지 않은 건강한 사람들에게서도 유전자 결실은 흔히 발견되는 편이다. 유전자 발현에서 중요한 역할을 하는 유전자가 결실되었을 때여야 질병으로 나타나게 된다.

염색체 역위는 균형 재배열을 나타내는 염색체의 구조적 이상 중 하나로 유전자 재조합 과정에서 염색체의 일부 구간이 뒤집혀 일어나는 돌연변이다. 이 경우 생물의 발생에 영향을 주어 신체 기관의 형성을 변화시킬 수 있다. 내장의 좌우가 반대로 형성되는 내장 역위 같은 경우가 염색체 역위로 일어나는 현상이다. 역위된 부분에 염색체의 중심절이 포함되면 완간 역위(pericentric inversion), 그렇지 않으면 완내 역위(paracentric inversion)로 구분된다. 완간 역위는 중심체를 기준해서 양쪽 부분의 잘린 염색체 부분이 서로 바뀌어 염색체의 장완과 단완에서 각각 발생하며, 완내 역위는 장완이나 단완 내에서만 염색체 위치가 바뀌는 현상이다. 염색체 역위가 나타나더라도 대부분 정상 표현형을 나타내지만 생식 세포의 감수 분열 단계에서 역위가 발생하면 염색체의 결실이나 중복이 일어난 재조합 염색체가 형성되어 자손에게 비정상 표현형이 나타날 수 있다. 4번 염색체의 구조적 이상으로 발생하는 울프-허쉬호른 증후군(Wolf-Hirschhorn syndrome)이 그 예이다. 부모에게 역위가 일어났을 경우, 자손에게 염색체 이상이 일어날 확률은 매우 높아진다. 하지만 역위 부위에 따라 아무런 영향을 미치지 않기도 한다.

자연의 모든 생물은 생물의 종류에 따라 다르기는 하지만 끊임없이 1백만 분의 1 확률로 자연돌연변이가 발생하고 있다. 이러한 돌연변이는 자연환경과 어우러져 잘 적응하게 되면 원래의 생물 집단과는 다른 특성 형질을 지닌 새로운 개체군을 형성하여 하나의 종으로 남게 되고, 그렇지 못한 개체군은 자연에서 도태되고 만다. 돌연변이는 진화의 근원인 셈이다.

돌연변이는 체세포 돌연변이(somatic mutation)와 생식 세포 돌연변이(germinal mutation), 두 가지 형태로 나눌 수 있다. 체세포 돌연변이는 키메라(chimera) 형태로 돌연변이의 형질이 부분적으로 발현되는데 이런 체세포 돌연변이의 형질은 후대에 유전되지 못한다(그림 7-1, 7-2). 그러나 생식 세포 돌연변이는 암수의 성세포가 수정된 배아 세포에서 발생한 돌연변이로 돌연변이 형질은 다음 세대에 그대로 유전되는 특징이 있다(그림 7-3).

우리가 즐겨 먹는 감귤은 무수정(無受精) 생식으로 발생한 돌연변이체이다. 배낭의 조세포(synergid) 혹은 극핵(polar body)이 화분관(花粉管) 자극에 의해 성장한 것으로 무성 생식에 해당한다. 그런데 제주 감귤 농장의 감귤 나무에서 아조 돌연변이(bud mutation)로 선발한 것이 한라봉과 탐라봉이다. 이 두 품종은 일반 감귤보다 훨씬 고가로 판매되고 있는 슈퍼 돌연변이다(그림 7-4).

사과의 키메라 돌연변이   감귤 색 돌연변이

그림 7-1 **자연에서 발생한 자연돌연변이들**

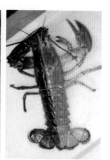

눈 색이 다른 사람과 고양이   키메라 얼룩말   키메라 가재

그림 7-2 **키메라 돌연변이(체세포 돌연변이로 후대에 이어지지 않음)**

황금색 코브라

백색 방울뱀

흰둥이 독수리

분홍색 깃털 참새

살색 돌고래

황금색 미꾸라지

그림 7-3 각종 동물의 돌연변이

그림 7-4 아조 돌연변이에서 선발한 한라봉(왼쪽), 탐라봉(오른쪽)

자연 생태계에서 두 기본 요소는 생존과 번식이다. 생물은 우선 살아남아야 번식의 기회도 얻을 수 있다. 번식 과정에서 발생하는 변이는 선택의 기회를 제공한다. 변이가 없으면 선택도 없다. 변이를 유발하는 동기는 돌연변이와 교잡에 의한 변이가 있는데 교잡에 의한 변이는 오랜 기간이 경과하면 원래의 상태로 환원되지만 돌연변이는 환원되지 않고 지속된다. 기존에는 존재하지 않았던 새로운 유전적 변이를 만들어 낼 수 있는 것은 분명 돌연변이밖에 없다. 돌연변이들을 멀리하는 것보다는 활용하는 것이 환경 변화를 겪게 될 인간과 자연 모두에게 더 유익한 결과를 제공할 것이다.

2. 자연돌연변이는 어떤 역할을 해 왔는가

자연돌연변이는 진화(revolution)의 근원이 된다. 자연돌연변이는 자연이 만들지만 또 자연이 선택(selection)한다. Selection이라는 영어는 선택과 도태라는 의미가 있다. 만약 어느 한 집단(unique DNA species)이 서식하고 있는데 그 집단의 규모가 천만 개체 이상으로 이루어져 있다고 가정할 때 만일 그 집단 중에 DNA에 변화가 발생한 다른 DNA를 가진 개체가 포함되어 있지 않다고 하면, 지구 환경이 급변했을 때 그 집단은 모두 사멸하여 없어졌을 것이다. 그러나 그 집단 중에는 자연돌연변이가 섞여 있고 그 개체들만이 살아남아 멸망한 집단과는 조금 다르지만 유사한 새로운 집단으로 번창하여 세대를 이어 간다. 46억 년 전에 지구가 태어난 후 38억 년 전에 처음 탄생한 생명체는 현재까지 이런 과정을 수도 없이 거쳐 생존해 오고 있는 것이다. 만약 이러한 과정이 없었다면 현재까지도 처음 탄생했던 원시 생명체 상태로 존속되었을 것이다.

자연돌연변이는 또한 인류의 식량 조달에 원천이 되어 왔다. 1970년대 이전에는 보릿고개라는 말이 사용되었다. 가을에 수확한 벼로 겨울 동안 식량은 겨우 충당할 수 있었지만 이듬해 보리가 수확될 때까지는 턱없이 부족하여 풀뿌리와 나무껍질을 먹어야 했던 시절의 이야기다. 비록 우리만의 이야기는 아니었고 세계 전 인류는 식량난에 허덕이고 있었다. 이러한 식량난을 해결하기 위해 등장한 것이 녹색혁명(green revolution)이다. 녹색혁명은 바로 밀, 보리, 벼의 자연 단간 돌연변이를 육종 소재로 활용함으로써 성공할 수 있었고, 기존 단위 면적당 생산량을 두 배 이상 올리면서 식량 부족을 크게 개선할 수 있었다.

밀 다수확 품종 개량에는 농림 1호라는 단간 돌연변이와, 벼는 대만 1호라는 단간 돌연변이를 재배종과 교잡해서 키가 작고 수확량은 기존 품종에 비해 배 이상 증수하는 새로운 우수 품종을 만들었기 때문에 녹색혁명이라 부르게 되었다. 녹색혁명은 록펠러 재단이 설립한 멕시코의 국제옥수수밀연구소(CIMMYT)가 주축이 되어 밀 품종 개발을 전담하였고, 필리핀의 국제미작연구소(IRRI)는 벼 단간 품종 IR8을 육성하는 데 성공함으로써 식량난을 크게 개선할 수 있었다. 이것이 곧 녹색혁명이다. 이때 사용한 육종 소재는 모두 자연돌연변이였다.

인간 최초의 실험실 배양 세포인 헬라(HeLa) 세포는 1951년 미국의 한 흑인 여성으로부터 떼어 내어 인공 배양한 돌연변이 세포이다(그림 7-5). 그 흑인 여성은 헨리에타 랙스(Henrietta Lacks)이고 1951년에 자궁 경부암으로 세상을 떠났는데 역시 이 세포도 자연 발생적 자연돌연변이의 일종이다. 존스홉킨스 병원의 하워드 존스(Howard Jones) 의사는 그녀의 자궁 경부에서 종양을 발견하고 검사를 위한 샘플을 채취하여 자궁 경부 세포를 연구하고 있던 조지 게이(George Gey)와 마거릿 게이(Margaret Gey) 부부에게 전달하였다. 이것이 세계 최초로 인간의 세포주(cell line)를 얻는 순간이었다.

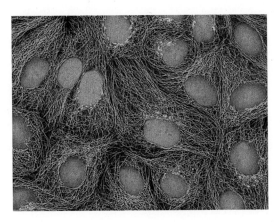

그림 7-5 헬라 세포

세계 최초로 수립된 인간의 세포주는 의학계에 큰 공헌을 하게 된다. 게이는 헬라 세포에서 척수성 소아마비 바이러스를 증식시키는 데 성공했으며 그 결과로 연구자들은 많은 소아계통 중에서 병원성을 가지는 물질을 분리할 수 있게 되어, 제조된 백신이 효과를 가지고 있는지 여부를 쉽게 확인할 수 있게 되었다. 그 후 게이와 그의 동료는 전 세계 연구원에게 헬라 세포를 배포했으며 헬라 세포는 암, 바이러스 증식, 단백질 합성, 유전자 조절, 약제와 방사선의 효과 확인 등 다양한 연구에 사용되었다. 이 세포는 현재 전 세계 의과 대학의 생리 의학 연구실, 이과 대학의 생화학 연구실, 제약 회사의 연구소 등에 널리 배포되어 있고, 연구 소재로 아주 긴요하게 쓰이고 있다.

헬라 세포는 수많은 아이들에게 장애를 남긴 소아마비를 지구 상에서 몰아낸 일등 공신이다. 소아마비를 예방하는 백신이 바로 헬라 세포를 이용해 만들어졌기 때문이다. 이 밖에도 헬라 세포는 자궁 경부암을 일으키는 인유두종 바이러스(HPV)와 인간 면역 결핍 바이러스(HIV), 즉 후천성 면역 결핍증(AIDS)의 원인이 되는 바이러스의 존재를 밝혀내는 데에도 결정적인 역할을 하였으며, 헬라 세포 덕분에 암을 치료하는 근본 타깃인 텔로미어(말단 소체) 연구도 성공을 거두게 되었다. 2008~2009년에 노벨 생리의학상을 탄 연구도 헬라 세포 덕분이었다.

처음 헨리에타의 몸에서 채취된 조직 샘플의 크기는 동전보다도 작았지만 2013년 기준으로 전 세계 실험실에서 배양된 헬라 세포는 무려 5,000만 톤이 넘을 정도이며, 지금도 매달 300건이 넘는 논문이 헬라 세포를 이용한 실험을 바탕으로 작성되고 있다. 또한 이 세포를 대상으로 인간 유전체(게놈) 정보를 해독하는 데 성공함으로써 유전병을 치료할 수 있는 길이 열렸다.

헬라 세포로 약을 만들어 공급하는 제약 회사가 큰 이익을 얻었다는 것은 더 말할 것도 없다. 분명한 건 헬라 세포와 특정 치료 물질 생산 세포, 하이브리드 세포를 만들고 대량 생산하여 여러 특정 치료제를 생산한 기업들은 수십 억 달러를 벌었지만 지금까지 랙스의 유족은 한 푼도 받지 못했을 뿐 아니라 사과조차 받지 못한 상태라는 것이다. 그럼에도 랙스의 후손들은 헬라 세포를 계속 인류를 위해 사용할 것을 허락하여 감동을 주고 있다.

헬라 세포의 연혁

1920년	헨리에타 랙스(Henrietta Lacks) 출생
1951년	헨리에타 랙스 사망, 자궁 경부암 세포에 헬라 세포주 탄생
1952년	소아마비 백신 개발
1984년	인유두종 바이러스(HPV)와 자궁 경부암 관계 규명
1986년	인간 면역 결핍 바이러스(HIV) 발견
2013년	유전자 염기 서열(게놈) 해독, 공개

금세기에 접어들면서 기후 변화로 농업 환경은 점점 악화되어 가고 있고, 2050년 세계 인구는 90~100억 명으로 증가할 것으로 예측되고 있다. 현재 70억 명 인구 중에서도 약 10억 명이 식량 부족으로 굶주리고 있는데 90억 명으로 증가할 경우 기존의 육종 방법으로는 더 이상 식량 확보가 어렵다는 결론에 도달하였다. 즉, 자연 돌연변이를 이용한 더 이상의 품종 개량은 한계가 있다고 보고 돌연변이를 인위적으로 만들어 인류의 식량 문제를 해결해야 한다는 것이 학자들의 중론이고, 그 대책은 유전 공학적 기법에 의한 돌연변이 창출이라고 할 수 있다.

제8장

인위돌연변이의 활용

1927년 미국의 멀러 박사가 초파리에 X-선을 처리하여 처음으로 인위돌연변이를 얻었고, 이어 스태들러(Stadler) 박사가 보리의 돌연변이를 유기한 것을 계기로 인위돌연변이 연구가 시작되었다. 멀러 박사는 이 업적으로 노벨상을 수상하였다. 그 후 스웨덴, 독일, 이탈리아 등 유럽 국가에서 본격적인 기초 연구와 실용화 연구가 활발하게 진행되었다. 특히 국제원자력기구(IAEA)는 세계식량기구(FAO)와 공동으로 돌연변이 연구 프로그램을 만들고 돌연변이 연구 전담 부서를 설립·운영하면서 세계 각국의 돌연변이 연구를 지원하게 되었다. 2015년 현재 4,000여 돌연변이 품종이 국제원자력기구 전 회원국에 육성·보급되어 식량 증산에 크게 이바지하는 성과를 거두었다.

우리나라는 1960년대부터 한국원자력연구원에서 돌연변이 연구를 시작하였고, 70년대부터는 국제원자력기구의 지원을 받아 본격적으로 돌연변이 연구를 수행하였다. 현재는 한국원자력연구원 산하 정읍 방사선과학연구소에서 연구가 활발히 진행되고 있다(그림 8-1).

배추 돌연변이 품종   검정색 벼 돌연변이   무궁화 돌연변이

그림 8-1 **방사선 처리에 의한 인위돌연변이들**

돌연변이 품종은 IAEA/FAO에 등록해야 한다. 우리나라는 돌연변이 서른일곱 품종을 개발·보급함으로써 세계 순위 11위를 점하고 있다(표 8-1). 국내 돌연변이는 벼 12품종, 보리 1품종, 콩 2품종 등의 식량 작물, 무궁화 3품종, 배추 2품종 등 원예 작물 그리고 참깨 4품종, 들깨 2품종 등의 공예 작물의 돌연변이 품종 개발에 성과를 거두었다. 이들 돌연변이 품종은 국립 종 자원에 등록되면 20년간 지적 소유권이 보장된다.

표 8-1 각 나라별 돌연변이 육성 품종 수(국제원자력기구 2015. 4.)

번호	나라 이름	품종 수		
		2000년 이전	2000년 이후	증가율(%)
1	중국	649	804	24
2	일본	305	457	50
3	인도	297	317	6
4	러시아	209	213	2
5	네덜란드	176	176	0
6	독일	166	171	3
7	미국	128	139	9
8	파키스탄	38	48	26
9	캐나다	40	40	0
10	프랑스	39	39	0
11	한국	18	37	100
12	이탈리아	35	35	0
13	영국	34	34	0
14	기타 나라	514	616	20
합계		2,648	3,124	18

또한 여러 농작물에서 약 1,500개의 돌연변이 유전 자원을 발견하였고, 이들 돌연변이 유전 자원은 유전 공학 연구의 핵심 소재로

활용하거나 벼 육종의 모본으로 활용하여 우수 품종을 육성하는데 긴요하게 활용되어 왔다. 유전 공학 연구에서는 벼의 유전자 지도 작성에 벼 돌연변이체의 DNA가 소재로 쓰였고, 배추 역시 배추 유전체 연구에 활용되었다. 유전체 분석 연구는 현재 인간 유전체 연구와 벼, 배추의 1차 유전체 분석이 완료되었으며 이들 연구는 국가적 차원에서 재정 지원을 받아 수행되었다. 한편 배추의 원조 식물인 애기장대(Arabidopsis)는 이 식물을 연구하는 과학자들끼리 국가적 지원 없이 유전체 분석을 완료하여 주목받고 있다. 국내 고유의 생물 유전 자원은 해당 기관의 유전 자원 은행에 보존되고 있고, 돌연변이 유전 자원은 한국원자력연구원 방사선과학연구소의 돌연변이 유전 자원 은행에 기탁되어 보존된다.

우리나라 김치는 건강 식품으로 전통적으로 오래전부터 한국인의 필수 식품이다. 2005년 김치는 미국의 헬스 잡지에서 세계 5대 건강 식품으로 선정된 바 있다. 5대 건강품은 올리브유와 요구르트, 낫토, 김치, 렌틸콩이다. 그 후 세계인이 김치를 주목하게 되었고 소비량이 급속히 증가하는 추세다. 배추 종자의 수출도 증가하고 있다. 그런데 추위에 약하고 더위에 견디지 못하는 김치의 단점이 수출에 큰 걸림돌이 되었고, 종묘 회사들은 이런 결점을 없애기 위해 중이온 빔 방사선을 이용하여 겨울에도 밭에서 월동이 가능한 배추 돌연변이를 선발하는 데 성공하였다. 또한 추위에 견디는 배추는 더위에도 견디는 경향이 있어 두 가지 문제점을 모두 해결하였다.

제9장

유전성 질병

인간이 원하는 삶은 건강하게 오래 사는 것이다. 진시황은 불로장생을 원했고 온갖 몸에 좋은 것만 먹었지만 50세에 사망했다. 진시황이 찾던 불로초는 확실하지 않으나 서복이 진시황의 명으로 제주도까지 왔다고 하니 기원전부터 인간의 삶에 대한 욕망을 잘 나타내주는 이야기이다. 인간의 수명은 예전보다 길어지고 있는 것이 사실이고 특히 건강하게 사는 기간은 점차 길어지고 있는 경향이다. 이런 결과는 과학자들의 끊임없는 노력의 산물임을 부인할 수 없다.

인간 게놈 지도가 완성되었다. 인간 게놈 프로젝트(HGP : Human Genome Project)를 총 지휘한 과학자 프랜시스 콜린스(Francis Collins) 박사는 당초 예정보다 2년 빨리 인간 게놈 지도가 거의 완성되었다고 발표했다.

사실상 인간 유전자 위치를 파악하는 유전자 지도가 완성된 셈이다. 인간의 염색체는 스물두 쌍의 상염색체와 한 쌍의 성염색체로 구성되어 있으며, 그 안에 약 2만 5천 개의 유전자가 존재하는 것으로 분석되었다. 과학자들은 핵형 분석을 통해 염색체마다 1~23번까지 번호를 매겨 구분하고 있는데 몇 번 염색체의 어느 부분의 유전자에 이상이 발생했느냐에 따라 질병도 달라진다.

그림 9-1은 인간 염색체 1번에서 22번에 분포되어 있는 주요 유전자의 위치를 개략적으로 나타낸 인간 유전자 지도다. 염색체 상의 주요 질병의 유전자 위치를 살펴보자. 전립선암(HPC1)과 고셰병(GBA), 녹내장(GLC1A), 알츠하이머병(PS2)의 유전자는 1번 염색체에 위치하고, 결장암(MSH2)과 기억 유전자(CREB)는 2번 염색체,

폐암(SCLC1)과 결장암(MLH1)은 3번, 헌팅턴병(HD)은 4번, 대머리(SRD51A)는 5번, 당뇨병(IDDM1)은 6번, 당뇨병(GCK), 비만(OB), 윌리엄스 증후군(ELN)은 7번, 백혈병(ABL)은 9번, 망막 위축증(OAT)은 10번, 당뇨병(IDDM2)은 11번, 유방암(BRCA2)과 윌슨병(ATP7B)은 13번, 알츠하이머병(PS1)은 14번, 유방암(BRCA1)은 17번, 췌장암(DPC4)은 18번, 동맥 경화(APOE)는 19번, 듀센형 근이영양증(DMD)은 X염색체 상에 위치하고 있다. 물론 한 질병의 유전자가 복합적으로 여러 염색체 상에 있는 것도 있다.

인체 세포에는 스물세 쌍의 염색체가 존재하며 이 염색체는 DNA와 단백질로 이루어져 있다. 각 염색체에는 단백질의 정보를 담은 수백 개에서 수천 개의 유전자가 들어 있다.

1번 염색체

GBA
고셰병
지방 분해 효소가 존재하지 않아서 생긴다. 황달이나 빈혈을 일으킬 수 있다.

HPC1
전립선암

GLC1A
녹내장

PS2(AD4)
알츠하이머병

2번 염색체

ERM2
본태성 진전(떨림증)
파킨슨병이나 발작과 같은 신경 질환에서 흔히 볼 수 있다.

MSH2
결장암

CREB
기억 유전자가 없는 쥐는 간단한 작업 방법도 익힐 수 없다.

PAX3
바르덴부르크 증후군
청각 손실이 생기며 좌우 눈 색깔이 달라진다.

3번 염색체

VHL
폰 히펠-린다우병
혈관이 비정상적으로 성장하는 것이 특징이다. 망막, 척수, 부신이나 뇌의 특정부위까지 혈관이 자란다.

SCLC1
폐암

MLH1
결장암
1997년에만 약 16만 4백 명의 미국민이 결장암으로 사망했다.

ETM1
본태성 진전

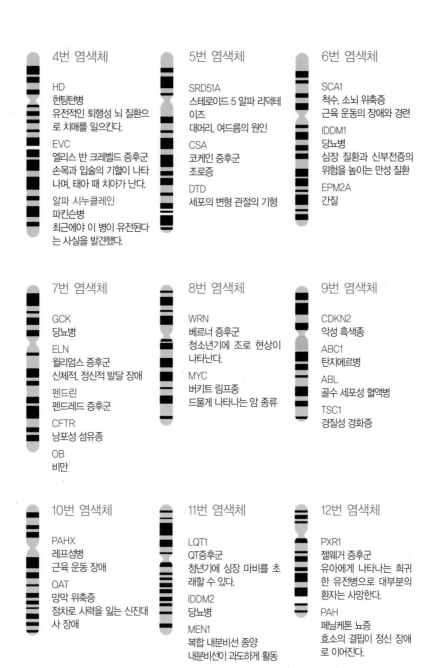

4번 염색체

HD
헌팅턴병
유전적인 퇴행성 뇌 질환으
로 치매를 일으킨다.

EVC
엘리스 반 크레벨드 증후군
손목과 입술의 기형이 나타
나며, 태아 때 치아가 난다.

알파 시누클레인
파킨슨병
최근에야 이 병이 유전된다
는 사실을 발견했다.

5번 염색체

SRD51A
스테로이드 5 알파 리덕테
이즈
대머리, 여드름의 원인

CSA
코케인 증후군
조로증

DTD
세포의 변형 관절의 기형

6번 염색체

SCA1
척수, 소뇌 위축증
근육 운동의 장애와 경련

IDDM1
당뇨병
심장 질환과 신부전증의
위험을 높이는 만성 질환

EPM2A
간질

7번 염색체

GCK
당뇨병

ELN
윌리엄스 증후군
신체적, 정신적 발달 장애

펜드린
펜드레드 증후군

CFTR
낭포성 섬유종

OB
비만

8번 염색체

WRN
베르너 증후군
청소년기에 조로 현상이
나타난다.

MYC
버키트 림프종
드물게 나타나는 암 종류

9번 염색체

CDKN2
악성 흑색종

ABC1
탄지에르병

ABL
골수 세포성 혈액병

TSC1
경질성 경화증

10번 염색체

PAHX
레프섬병
근육 운동 장애

OAT
망막 위축증
점차로 시력을 잃는 신진대
사 장애

11번 염색체

LQT1
QT증후군
청년기에 심장 마비를 초
래할 수 있다.

IDDM2
당뇨병

MEN1
복합 내분비선 종양
내분비선이 과도하게 활동

12번 염색체

PXR1
젤웨거 증후군
유아에게 나타나는 희귀
한 유전병으로 대부분의
환자는 사망한다.

PAH
페닐케톤 뇨증
효소의 결핍이 정신 장애
로 이어진다.

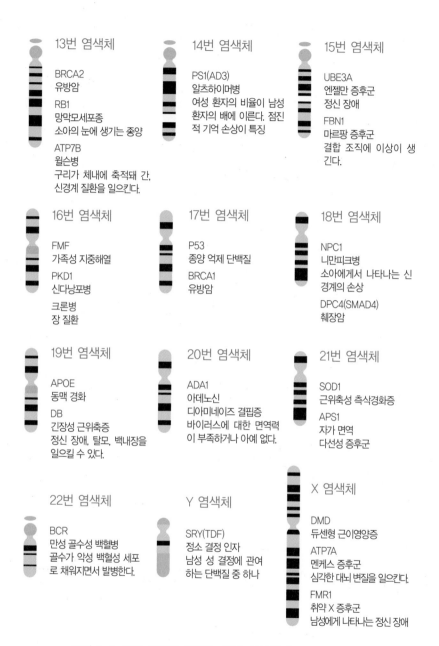

13번 염색체

BRCA2
유방암

RB1
망막모세포종
소아의 눈에 생기는 종양

ATP7B
윌슨병
구리가 체내에 축적돼 간,
신경계 질환을 일으킨다.

14번 염색체

PS1(AD3)
알츠하이머병
여성 환자의 비율이 남성
환자의 배에 이른다. 점진
적 기억 손상이 특징

15번 염색체

UBE3A
엔젤만 증후군
정신 장애

FBN1
마르팡 증후군
결합 조직에 이상이 생
긴다.

16번 염색체

FMF
가족성 지중해열

PKD1
신다낭포병

크론병
장 질환

17번 염색체

P53
종양 억제 단백질

BRCA1
유방암

18번 염색체

NPC1
니만피크병
소아에게서 나타나는 신
경계의 손상

DPC4(SMAD4)
췌장암

19번 염색체

APOE
동맥 경화

DB
긴장성 근위축증
정신 장애, 탈모, 백내장을
일으킬 수 있다.

20번 염색체

ADA1
아데노신
디아미네이즈 결핍증
바이러스에 대한 면역력
이 부족하거나 아예 없다.

21번 염색체

SOD1
근위축성 측삭경화증

APS1
자가 면역
다선성 증후군

22번 염색체

BCR
만성 골수성 백혈병
골수가 악성 백혈성 세포
로 채워지면서 발병한다.

Y 염색체

SRY(TDF)
정소 결정 인자
남성 성 결정에 관여
하는 단백질 중 하나

X 염색체

DMD
듀센형 근이영양증

ATP7A
멘케스 증후군
심각한 대뇌 변질을 일으킨다.

FMR1
취약 X 증후군
남성에게 나타나는 정신 장애

그림 9-1 인간 유전자 지도(1~22번 상염색체, XY 성염색체)

크론병은 특발성인 만성 염증성 장 질환인데 유전성 질환으로 나타났다. 16번 염색체 상에 이 유전자가 있는 것으로 인간 게놈 프로젝트에서 밝혀졌다. 크론병뿐만 아니라 여러 가지 고혈압 등의 만성 질환과 암, 당뇨병과 난치병, 희귀병과 같은 질병들의 유전적 원인을 밝힌 인간 유전자 지도를 완성한 것이다.

질병 유전 인자의 위치를 정하게 되면 중첩 클론에서 관련된 부분의 DNA를 분리할 수 있고 그 부위 내에 있는 유전 인자를 동정할 수 있으며, 돌연변이를 발견하게 되면 결국에는 어떤 것이 질병 유전 인자인지 밝혀낼 수 있다. 이 방법으로 듀센형 근위축증(atrophy), 낭포성 섬유증(cystic fibrosis), 망막모세포종(retinoblastoma), 대장선종증(polyposis of colon), 신경섬유종(neurofibromatosis) 및 헌팅턴병(huntington's disease) 등의 유전 인자를 찾아냈다.

제한적인 유전 인자 위치 정보와 관계된 유전 인자의 위치 정보, 생쥐와 같은 다른 종에 관한 정보를 근거로 어떤 유전성 질환에서 어떤 유전 인자가 돌연변이되어 있을 것이라는 예측하고 검정하게 된다. 일반적으로 검정은 환자의 문제 유전 인자를 증폭하고 클로닝과 염기 서열 분석을 통해 돌연변이를 찾는다.

돌연변이의 종류는 유전자 돌연변이, 염색체 돌연변이, 배수체 돌연변이로 크게 나뉘는데 돌연변이의 구조를 보면 그림 9-2, 9-3, 9-4, 9-5와 같고, 여러 가지 유전 질병의 염색체 이상 상태를 보면 표 9-1과 같다.

(1) 유전자 돌연변이의 DNA 구조

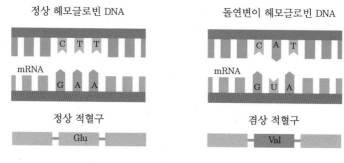

그림 9-2 **정상 헤모글로빈과 겸상 헤모글로빈의 염기 서열 변화**

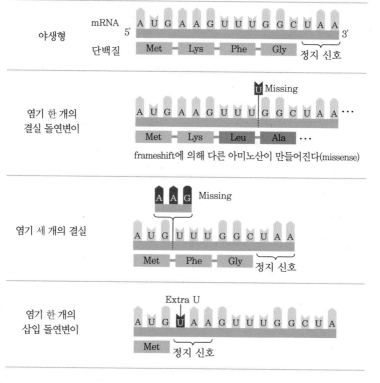

그림 9-3 **여러 가지 염기쌍 돌연변이 형태**

(2) 염색체 돌연변이의 구조

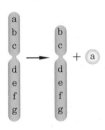

결실(deletion)
염색체의 일부가 없어짐

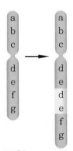

중복(duplication)
염색체에 동일 유전자가 중복 삽입

역위(inversion)
하나의 염색체 상에서 유전자의 위치
가 바뀌는 경우 → 염색체의 일부가 잘
린 후 거꾸로 연결되어 나타난다.

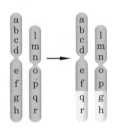

전좌(translocation)
염색체의 일부가 상동 염색체가 아닌
다른 염색체에 옮겨 붙는 경우
예) 만성 골수 백혈병

그림 9-4 염색체 이상 돌연변이의 종류

(3) 배수체 돌연변이

2배체   3배체   4배체   6배체

그림 9-5 여러 가지 배수체의 구조

표 9-1 각종 유전 질환과 염색체 이상과의 관계

유전 질환		염색체 구성	특징
상염색체 수 이상	헌팅턴 무도병	44+XX, 44+XY	- 염색체 수 이상 없음
	크리뒤사 증후군	44+XX, 44+XY	- 5번 염색체 결실
	다운 증후군	$2n+1=45+XX$(여) $2n+1=45+XY$(남)	- 21번 염색체 세 개 - 정신 지체, 심장 기형, 소두, 눈 사이 넓음
	에드워드 증후군	$2n+1=45+XX$(여) $2n+1=45+XY$(남)	- 18번 염색체 세 개 - 정신 지체, 관절 이상, 심장 기형, 입과 코가 작음
성염색체 수 이상	터너 증후군	$2n-1=45+X$(여)	- X염색체 한 개 - 여성 외관 불임, 지능 정상
	클라인 펠터 증후군	$2n+1=44+XXY$(남)	- 성염색체 XXY - 남성 외관 불임, 지능 정상 - 유방 발달

※ 염색체 수가 $2n+1$, $2n-1$과 같이 2n보다 한두 개 많거나 모자라는 경우는 감수 분열 과정에서 한두 개의 염색체가 분리되지 않아 발생한다.

　　종종 운동선수들의 사망 소식이 전해지는데 그 원인 중 하나가 바로 겸상 적혈구(sickle cell) 질환이다. 겸상 적혈구 질환이란 비정상적인 헤모글로빈을 가진 적혈구가 길쭉한 낫 형태로 변하는 유전적인 돌연변이 혈구 질환이다(그림 9-6). 본래 적혈구는 원판 모양으로 정상일 때는 산소를 원활하게 세포에 전달하지만 모양이 낫의 형태로 변화하게 되면 날카로운 부분이 산소 운반을 방해하여 혈류 장애와 조직 및 근육으로의 산소 공급을 저해하여 빈혈을 일으키게 된다.

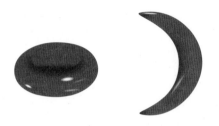

그림 9-6 **정상적인 형태의 적혈구(왼쪽)와 겸상 적혈구 질환의 낫 모양 적혈구(오른쪽)**

겸상 적혈구 질환은 부모에게서 유전되는 주된 특성을 가진다. 주로 아프리카 적도 부근, 지중해 연안, 인도, 미국의 흑인들에게 많이 발병하는 것으로 보고되며 주목받지 못해 잘 알려지지 않았다. 그러나 많은 훈련과 경기를 소화해야 하는 운동선수는 잠재적인 위험성에 언제나 노출되어 있고, 발생할 경우 심각한 후유증을 남겨 선수 생활에 치명적일 수 있다.

현재는 유전자 치료로 치명적 빈혈에 걸린 쥐를 완치하는 데 성공해 같은 병을 앓고 있는 환자들에게 희망을 주고 있다. 미국 매사추세츠의 필리페 르볼치 교수 연구팀은 낫형 적혈구 빈혈증에 걸린 쥐의 유전자를 정상 유전자로 대체하여 치료하는 데 성공했다고 발표했다. 낫형 적혈구 빈혈증은 부모 모두가 같은 질병을 갖고 있을 때 나타난다. 부모가 모두 빈혈증을 가지고 있을 경우, 자녀 중 한 명은 정상으로, 세 명은 빈혈증으로 유전된다(그림 9-7).

원인은 골수 줄기 세포에서 βA 글로빈 단백질 유전자가 염기 하나의 이상으로 정상적으로 작동하지 못하기 때문이다. 모양이 바뀐 적혈구는 산소를 제대로 전달하지 못해 치명적인 빈혈을 일으킨다.

르볼치 교수팀은 βA 글로빈 유전자와 함께 γ 글로빈 유전자를 쥐에게 이식하여 쥐들을 10개월 동안 관찰한 결과, 이 두 가지 단백질이 정상적으로 만들어져 99%의 적혈구가 원래 모양을 되찾았다고 밝혔다.

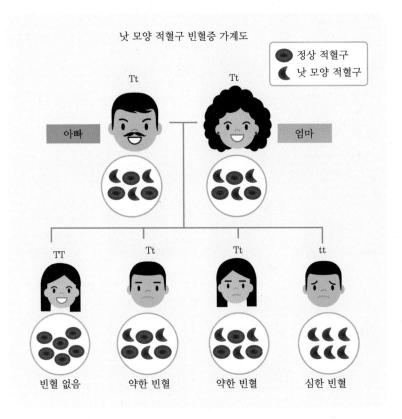

그림 9-7 **겸상 적혈구의 유전 양식**

여성의 보조개는 아름다움의 상징이기도 하다. 웃을 때 오목 파인 보조개는 남성들을 사로잡는 강력한 무기가 된다. 요즘은 성형

외과 수술이 발달하여 간단한 수술로 해결되지만 그전에는 부모에게 받은 천혜의 선물이었다. 이 보조개의 유전은 그림 9-8과 같다. 부모가 보조개가 없더라도 유전자를 열성으로 가지고 있으면 자녀들은 보조개가 있는 쪽의 수가 많아진다.

기타 몇 가지 형질과 질병의 유전은 그림 9-9와 같다. 혀 말기, 눈꺼풀, 귓불은 우성이고 엄지손가락 젖혀짐은 열성으로 유전한다. 질병 유전자가 아버지의 염색체 상에 있을 때 정상 어머니와 결혼하면 아들과 딸은 절반은 정상이고 나머지 절반은 질병을 앓게 된다(그림 9-10).

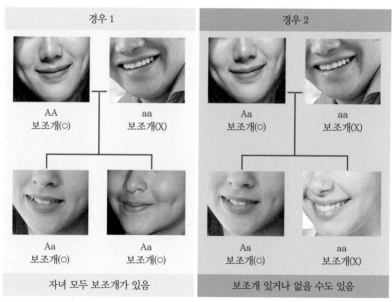

어머니가 보조개가 있고 아버지가 없는 경우

그림 9-8 **보조개의 유전 양상**

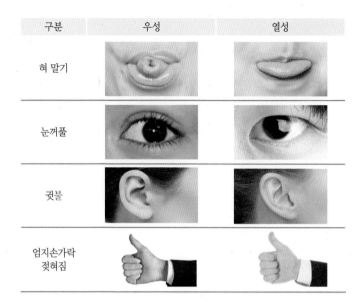

그림 9-9 여러 가지 형질의 우성과 열성 관계

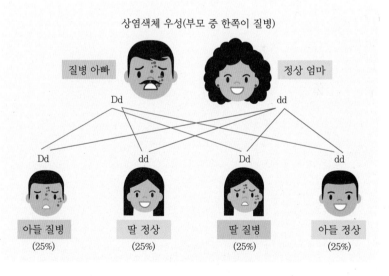

그림 9-10 부모의 질병이 후대에 유전되는 양상

인간 게놈 프로젝트는 유전자의 위치를 알아내는 작업이지만 이제는 한 걸음 더 나아가 유전자를 인공적으로 합성하는 날도 기대해 볼 수 있다. 다시 말하자면 인간 DNA를 재생산하는 일이 눈앞으로 다가오고 있다는 말이다. 유전자 합성에 드는 비용도 1/133로 줄어들어 한 쌍의 유전자를 합성하는 데 드는 비용이 최근 4달러에서 0.03달러로 떨어지면서 가능성이 열리고 있다. 이는 약 30억 개의 인간 유전자를 합성하는 비용이 12억 달러에서 9,000만 달러로 줄어드는 셈이다.

제10장

21세기의 유전자 혁명

1. 유전자 치료

세계 최정상급 배우 앤젤리나 졸리(Angelina Jolie)가 유방 절제 수술을 받았다. 유방암에 걸린 것도 아닌데 예방 차원에서 다른 사람도 아니고 세계 정상급 여배우가 여성의 표상인 양쪽 유방을 절제하다니 충격적인 일이다.

아마도 난소암으로 어머니를 잃었기에 자신의 자녀들에게만큼은 암으로 엄마를 잃는 슬픔을 경험하지 않게 해 주고 싶은 모성이 작용했을 것으로 보인다. 그녀는 아름다운 외모만큼이나 더 아름다운 사회봉사를 하고 있는 것으로 알려져 있다.

앤젤리나 졸리는 유전자 검사에서 유방암 유전자가 확인됐고 일생 중 유방암에 걸릴 확률이 87%라는 진단 결과가 나와 수술을 했다고 밝혔다. 바로 이 상황이 많은 사람들로 하여금 유방암 유전자 검사를 받아야 할지 고민하게 만들고 있는 것 같다.

그렇다면 한국 여성은 어떨까? BRCA(BReast CAncer Linkage Consortium) 유전자 변이가 있는 한국 여성에 대한 유전성 유방암 연구 결과, 많게는 최대 80%까지 발병 확률이 증가하는 것으로 발표된 바 있다. 이 결과로 보면 BRCA 유전자 변이가 있는 여성의 유방암 발병 확률은 한국과 미국 사이에 큰 차이가 없이 높은 것으로 나타났다.

만약 유전자에 이상이 생기면 비정상적인 단백질이 만들어지거나 단백질이 만들어지지 않게 되어 우리 몸의 생리 활성이 심각하게 어긋나게 된다. 이러한 유전자 이상은 때로는 자식에게도 전해져서 질병이 대물림되는 유전성 질환을 초래한다.

유전자 치료는 유전병 환자들의 비정상적인 유전자를 제거하고 정상 유전자를 삽입하여 질병을 치료하는 의술이다. 그로 인해 환자들에게 정상 단백질이 생산되어 생체 내의 기능을 정상화시켜 준다. 현재 유전자 치료의 주 대상은 유전성 고지혈증과 낭포성 섬유증, 고셰병(Gaucher disease), 혈우병 등 단일 유전자의 이상으로 야기되는 20여 종의 유전성 질환과 모든 종류의 암, AIDS 등도 해당된다. AIDS 경우 HIV 바이러스의 기능을 차단시키는 유전자를 감염 세포에 주입하여 바이러스의 증식을 억제시키는 시도가 진행되고 있다.

이 밖에도 유전자 치료가 가능한 질병은 1) 중추 신경계 질환(알츠하이머와 파킨슨병, 다발성 경화증, 헌팅턴병)과 2) 대사 관련 질환(낭포성 섬유종과 당뇨병, 성장 호르몬 결핍증, 골다공증), 3) 심혈관 관련 질환(동맥 경화와 허혈성 심장 질환, 이상지질혈증), 4) 혈액 이상 질환(혈우병, 겸상 적혈구 빈혈), 5) 자가 면역 질환(다발성 경화증, 건선, 류마티스성 질환), 6) 감염증 질환(HIV 감염, 인플루엔자, 단순 포진, 마이코박테리아) 등이 있다. 이 유전 질환들은 비교적 어린 나이에 발병하며 치명적인데 현재로서는 효과적인 치료법이 없는 실정이다.

유전자 치료의 성공 사례로는 중증 복합 면역 결핍증이 있다. 이 질병의 환자는 태어날 때부터 ADA(adenosine deaminase)라는 효소에 유전자 결손이 있어서 몸의 어느 세포에서도 ADA 효소를 생산하지 못한다. 효소는 세포 내의 독성 물질을 분해하는 기능을 가지고 있는데, 이 효소가 결핍되면 독성 물질이 축적되고 면역 관련 세포들이 손상됨으로써 체내 면역 기능이 심하게 저하된다. 심한 경우 사망하거나 경증 환자의 경우에도 무균실에서 살아가야 한다.

한편 암에 대한 유전자 치료는 암 세포만을 선택적으로 공략하여 사멸시키는 유전자 변형 바이러스가 개발되어 이를 이용한 임상 실험 결과가 보고되고 있다. 이 유전자 변형 바이러스를 'smart bomb virus'라고도 부르는데 암을 제거하는 효과가 뛰어날 뿐 아니라 여러 사람에게 공통적으로 사용할 수 있는 장점이 있어 그 실용화가 크게 기대되고 있다.

생명체는 모든 기관들이 알맞은 크기로 자라도록 스스로 조절하는 능력이 있다. 이 조절 능력을 관장하는 각 요소들은 서로 네트워크를 이루어 작동하는데 이를 히포 네트워크(hippo network)라 부른다. 히포 네트워크에 문제가 발생하면 조절 능력을 상실해 기관에서 종양이 발생해 생명을 위태롭게 만든다. 히포 네트워크 내 '쉽원(Schip1)' 유전자에 돌연변이가 생길 경우, 세포 분열이 크게 증가하여 암 조직에서 여러 형질들이 나타난다.

한편 암 치료에 대한 다양한 연구도 진행되고 있다. 나노 기술을 이용해 선택적으로 암 세포를 사멸시키거나 다양한 약물로 표적 치료를 구현하는 방법들이 있다. 또한 최근 유전자 치료를 통해 암 치료의 새로운 길이 열려 주목받고 있다. 비타민 B6 결합 핵산 전달체(VBPEA) 관련 유전자의 발현을 억제시키는 siSHMT1을 도입하여 암 치료제를 개발하였다.

성염색체인 X염색체 유전자 이상으로 몸 안의 지방산이 분해되지 않고 뇌에 들어가 신경 세포를 파괴해서 생명을 앗아 가는 희귀병이 있다. 로렌조 오일(Lorenzo's oil)이라고도 불리는 이 병은 부신 백질 디스트로피(Adrenoleukodystrophy) 질환이다. 그런데 이 병에 대한 유전자 치료로 성과를 보고 있다는 소식이 들린다. 이 질병에 걸린 소년들을 대상으로 유전자 치료를 해 왔는데 열일곱 명의 소년 중 한 명을 제외한 열여섯 명의 소년이 지난 2년간 건강한 상태를 유지해 오고 있다고 한다.

미국에서는 현재 약 2만 1,000명의 소년들이 이 병을 지닌 채 태어나고 있는 것으로 집계되고 있다. 정확한 집계가 되고 있지는 않지만 세계적으로 많은 수의 소년들이 이 병으로 죽어 가고 있는 것으로 추산된다.

자폐증 환자의 치료는 가능한가? 인간의 뇌는 몸에서 2% 정도를 차지하지만 심장에서 공급하는 피의 20%가 뇌로 흐르고 있어 그만큼 사람의 뇌는 중요하다. 따라서 선천성 결함이나 후천적 손상에 의한 뇌 질환은 삶에 치명적인 영향을 준다. 최근 영상 과학의 발달로 뇌의 구조가 속속 밝혀지고 있어 뇌 질환의 원인에 대한 연구가 급속히 발달하고 있다.

뇌 기능은 두 가지 범주로 나눌 수 있는데 단순한 기능으로는 감각과 운동, 수면, 기억 등의 기능을 들 수 있으며, 고등한 기능으로는 자아 인식, 주의 집중, 생각, 의사 결정, 창의성 등과 관련한 기능을 들 수 있다. 단순한 뇌 기능이 잘못되면 감각 이상 및 파킨슨병 같은 운동 장애, 알츠하이머, 수면 장애와 같은 질환이 발생한다. 고등한 뇌 기능이 잘못되면 주의력 결핍, 정서 장애, 과잉 행동 장애, 조현병, 자폐 등의 정신과적 질환이 발생한다.

유전자 이상과 정신 질환의 상관관계를 이해하기 위한 연구로 시냅스(synapse)는 크게 흥분 시냅스와 억제 시냅스로 구분되며 그중 흥분 시냅스는 천여 개, 억제 시냅스는 300여 개로 총 1천 300여 개의 시냅스가 뇌 속에 작용하고 있다. 이때 중요한 점은 두 종류의 시냅스가 균형을 이루어야 한다는 것이다. 만약 균형이 어긋나 한쪽으로 치우치게 될 경우 정신 질환이 발발하게 된다. 흥분시냅스가 지나치면 뇌전증이 일어날 수 있고, 억제 시냅스가 발달하면 수면 장애 혹은 우울증이 올 수 있다. 중요한 것은 시냅스 단백질이 중요한 기능을 한다는 점이다. 시냅스 단백질이 잘못될 경우 시냅스 기능에 문제가 발생하고, 이는 곧 뇌 신경 회로 및 뇌 기능에 문제가 발생하는 원인이 될 수 있다. 이러한 상호 연관 관계를 자세히 연구하다 보면 결국 뇌 기능 이상을 초래하는 시냅스와 뇌 신경 회로의 이상을 이해할 수 있다. 복잡한 시냅스 구조 때문에 정신 질환과 유전적 원인의 상관관계를 밝히기는 쉽지 않지만 뇌 질환을 치료하는 데 희망을 갖게 한다.

비만 유전자란? 남성의 유전자는 주로 염기 한두 쌍이 바뀌는 점 돌연변이라고 하는 유전자 돌연변이가 일어나지만 여성의 유전자는 잘 바뀌지 않는 대신 염색체 돌연변이가 발생한다. 점 돌연변이는 자손에 유전되지만 염색체 돌연변이는 태아 발생 과정에서 대부분 사망하거나 만약 생존하더라도 심각한 장애를 동반하는 경우가 많다.

X염색체에 속해 있는 염기쌍 500~1000개의 DMD 유전자가 결실되면 염색체 이상이 생기고 이로 인해서 발병하는 질병 가운데 근육 위축병은 대표적인 질병이다. 보행이 종종 지연되고 인지 기능도 저하될 수 있으며 보통 5세 이전에 진단된다. 오리 걸음(waddling gait)과 비대증을 동반하고 10~12세에 보행이 불가능해지며 척추 측만증, 심근병증, 제한성 호흡 부전들이 점차 나타난다. DMD(Duchenne Muscular Dystrophies)는 주로 남성에게 발생하고 발생률은 출생 남아의 1/3,300 정도이다. 남성의 성 유전자는 어머니가 주는 X염색 분체와 아버지의 Y염색 분체가 만나 XY로 되어 X염색체의 형질이 발현되기 때문에 주로 남성에게서 나타난다. 여성은 어머니의 X염색 분체와 아버지의 정상 X염색 분체가 만나 XX 염색체를 이루기 때문에 DMD 유전자가 표현형으로 나타나지 않는다. 다만 부모가 둘 다 DMD 유전자를 지니고 있는 경우에는 여성에게도 이 유전병이 나타날 수 있다.

그림 10-1은 난자와 정자가 만들어지기 위해 필히 거쳐야 하는 감수 세포 분열(meiosis) 과정이다.

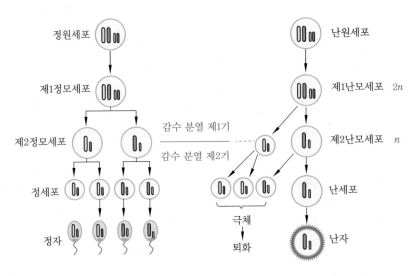

정원세포

제1정모세포

제2정모세포

정세포

정자

난원세포

제1난모세포 2n

제2난모세포 n

난세포

난자

감수 분열 제1기

감수 분열 제2기

극체

퇴화

그림 10-1 **체세포에서 난자와 정자가 되는 감수 분열 과정**

 Y염색체는 대략 3억 5,000만 년 전 남성을 결정하는 'SRY 유전자'가 생기면서 X염색체보다 훨씬 왜소한 모습으로 변하며 진화했고 이 때문에 X염색체와 정보를 교류하지 않게 됐다는 점을 과학자들이 최근 밝혀냈다. 염색체 두 짝이 서로 정보를 교류하면 다양한 변이를 낳을 가능성이 있는데 성염색체는 이걸 막기 위해 정보 교류를 하지 않는 쪽으로 진화했다는 것이다. 예를 들면 머리카락이나 피부는 다양한 것이 허용되지만 성이 다양해지면 양성을 무너뜨리는 여러 가지 중간 형태의 성이 생겨 번식에 걸림돌이 되기 때문이다. Y염색체는 수십 개의 유전자밖에 남지 않았고 남성을 결정하는 유전자인 SRY 유전자가 있고 동물적 공격성과 관련된 유전자 정도가 있는 것으로 추정된다. 반면 X염색체는 2,000여

개의 유전자가 있는데 지능과 관련된 유전자가 상당 부분 있는 것으로 알려져 있다. 따라서 남녀의 성염색체 유전성으로 보아 똑똑한 남자와 얼굴은 예쁘지만 머리가 나쁜 여성이 결혼했을 때보다 잘생겼지만 머리는 둔한 남성과 예쁘지는 않지만 똑똑한 여성이 결혼했을 때 더 바람직한 자녀가 태어날 가능성이 높다고 볼 수 있다.

비만과의 전쟁이란 말까지 등장하였는데 이는 그만큼 비만이 사람의 성인병 유발과 밀접한 관계가 있기 때문이다. 체내에 지방 조직이 과다하게 축적된 상태로 체질량지수(BMI : Body Mass Index)를 계산하여 비만을 판정하는데, 체질량지수는 [체중(kg)/(키(m)×키(m))]로 계산하며, 보통 이 수치가 25~29면 과체중, 30 이상이면 비만으로 분류한다. 대한비만학회에서 제시한 비만의 진단 기준은 다음과 같다. 첫째, 체질량지수 기준으로 $25kg/m^2$ 이상일 경우 비만으로 진단한다. 둘째, 허리둘레 기준으로 남자는 90cm 이상, 여자는 85cm 이상을 복부 비만으로 진단한다. 비만일 경우 정상인에 비해 사망률은 물론 암, 당뇨병, 고지혈증, 고혈압, 관상 동맥 질환, 관절염, 통풍, 담석증, 유방암 등의 발생률이 증가한다.

유전적 변이가 비만과 연관이 있다는 보고가 있었으나 FTO의 경우 비만 환자들에게 매우 보편적으로 나타난다는 사실이 주목받고 있다. 변이 유전자를 하나만 보유한 사람은 변이 유전자를 보유하지 않은 사람보다 평균 1.6kg 더 무거웠고, 변이 유전자를 한 쌍 보유하고 있는 사람은 유전자를 보유하지 않은 사람보다 평균 3kg 더 무거웠다. 한 개의 변이 유전자를 가지고 있는 사람은 50% 정도 되고 한 쌍의 변이 유전자를 가지고 있는 사람은 16% 정도로 이 유전자의 변이는 매우 보편적이다.

암 연구 과학자들은 FTO 유전자 산물이 아마도 DNA 상의 다른 유전자의 발현을 조절하는 역할을 할 것이라고 주장한다. 또한 FTO는 우리 몸의 허기와 포만감을 조절하는 기관인 시상 하부라는 뇌의 특정 위치에서 발현하는데 아마도 음식물을 섭취하는 과정 중에 FTO의 레벨이 변화하며 이를 통해 식욕을 조절하는 것일 거라고 주장한다. FTO가 시상 하부의 기능을 조절한다는 발견은 이전에 발견된 다른 호르몬들과 같이 FTO가 우리 뇌가 허기와 포만감을 느끼는 기능에 영향을 미친다는 것을 뜻한다. FTO의 기능은 아마도 다른 대사 물질에 의해 변할 수 있을 것이며 이를 잘 이용한다면 가까운 장래에 비만을 치료하는 데 커다란 도움을 줄 수 있을 것이라고 전망한다.

FTO 유전자의 돌연변이가 비만 위험을 높이는 유전적 요인 이외에 IRX3 유전자와 상호 작용한다는 연구 결과가 나왔다. IRX3 유전자는 유전체 상에서 FTO 유전자와는 멀리 떨어져 있어 실질적인 역할을 하고 FTO 자체는 비만에 주변부 역할을 하는 것으로 보인다는 연구 결과가 주목을 받고 있다. 고로 몸무게(body mass)와 체 성분(body composition) 조절은 유전자 FTO와 IRX3의 연관성 때문인 것으로 보인다고 말한다.

당뇨는 현대인에게 고민을 안겨 주는 고질병이다. 과다한 영양 섭취에 운동은 줄어들어 현대 문명병이라고도 한다. 당뇨병이란 혈액

내에 당의 농도가 높은 병을 말하는데 공복 수치 80~110mg/dl이면 정상 수치고 이보다 높으면 당뇨 증상이라고 할 수 있다. 인슐린 분비가 제대로 안 되거나 분비는 되지만 작용하지 못해서 혈당치가 증가하는 경우다. 당뇨병은 흔히 인슐린 분비가 안 되는 1형 당뇨병과 인슐린 분비는 되지만 충분치 못해 역할을 제대로 하지 못하는 2형 당뇨병으로 구분된다.

당뇨병의 발병 원인은 아직 정확하게 규명되어 있지 않다. 현재까지 밝혀진 바에 의하면 유전적 요인이 가장 가능성이 큰데, 만약 부모 중 한 사람만 당뇨병인 경우 자녀가 당뇨병에 걸릴 가능성은 15%, 부모 모두 당뇨병인 경우 30% 정도라고 알려져 있다. 그러나 유전적 요인을 가지고 있다 해서 모두 당뇨병 환자가 되는 것은 아니며, 유전적인 요인과 여러 환경적 요인이 함께 작용하여 당뇨병이 생기게 된다.

당뇨병은 단일 유전자성 당뇨병에 속하는 젊음의 성숙도 발병 당뇨병(MODY : Maturity Onset Diabetes of the Young)과 신생아 당뇨병(Neonatal Diabetes)으로 구분된다. MODY는 흔히 청소년에게서 성인 당뇨의 증상이 나타나는 것인데, 대부분 25세 이전에 증상이 나타나고 HNF1A, HNF4A, GCK 유전자의 변이가 원인이 된다. HNF1A 유전자는 간에서 발현되여 간의 몇몇 특정 유전자의 발현을 조절하고, HNF4A 유전자는 HNF1A 유전자의 발현을 조절하며, GCK 유전자는 7번 염색체에 위치하고 글루코키나제(glucokinase)를 조절하는 유전자이다.

신생아 당뇨병은 생후 6개월 이전에 당뇨 진단을 받았을 경우에 해당되고, KCNJ11이나 ABCC8 유전자의 변이로 증상이 나타난다.

최근 차세대 해독 기술(NGS)이 발달하면서 한 번의 검사로 여러 개의 유전자를 동시에 분석할 수 있다. 단일 유전자성 당뇨병(Monogenic Diabetes)을 유전자 검사를 통하여 진단하기 위해서는 환자의 표현형과 관련이 깊은 유전자를 선택하는 것이 가장 중요한데 NGS가 MODY 환자와 신생아 당뇨병 진단에 유용하다고 알려져 있다.

당뇨병에 걸리게 되면 실명, 심장 질병, 간 기능 약화, 신경 질환 그리고 그 밖의 다른 증상에 걸릴 확률이 매우 높아지며, 미국에서 이 질병을 호소하는 사람은 약 1,600만 명에 다다른다고 보고됐다.

제1형 또는 유년기 당뇨병(Juvenile Onset Diabetes)은 심각한 병의 일종이다. 제1형 당뇨병은 한 개의 유전자가 아닌 여러 개의 유전자들 안에 돌연변이가 생기는 병이다. 현재 알려진 바로는 6번 염색체에 위치한 인슐린 의존성 진성 당뇨병(IDDM1 : Insulin Dependent Diabetes Mellitus) 자리에 적어도 제1형 당뇨병에 관여하는 유전자가 한 개 이상 있을 수 있다고 본다. 이 유전자에 생기는 돌연변이가 어떻게 환자에게 위험을 주는지는 명확하게 밝혀지지 않았지만 6번 염색체의 그 부분에 대한 유전자 지도에서는 항원에 대한 유전자들을 가지고 있다고 추측하고 있다.

인간 게놈에 있어 약 열 개의 장소(locus)들이 제1형 당뇨병과 관련이 있어 보인다고 현재까지 알려져 있다. 이 중에 11번 염색체의 IDDM2 유전자와 7번 염색체에서 인슐린 분비를 조절하여 당 대사에 중요한 역할을 하는 glucokinase(GCK) 유전자가 있다. 세심하게 관리하고 매일 인슐린제를 복용하면 환자의 건강을 유지할 수 있다. 그러나 종종 당뇨병의 원인이 되는 면역 반응(그림 10-2)을 억제시키기 위해서는 많은 연구가 필요하며, 다른 염색체에 있는 유전자들이 어떻게 환자의 당뇨병에 관여하는지에 대한 분석과 연구가 요청된다.

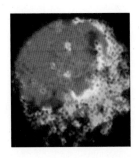

그림 10-2 T lymphocytes가 췌장 세포를 공격하는 모습

췌장암은 암 중에서도 가장 치명적인 암으로 꼽힌다. 췌장암 진단을 받고 5년 동안 생존할 확률은 7.6%에 불과하고, 치료가 되더라도 2년 안에 다시 재발할 비율이 80% 이상일 정도다. 특히 이 암은 상당히 진전될 때까지 별다른 증상을 느끼지 못하며, 더욱이 췌장이 몸통 내부 위 뒤에 깊숙이 숨어 있어 엑스레이나 복부 초음파 검사로 암을 발견하기 어렵기에 췌장암 환자의 85%가 암 말기에 진단을 받게 되고 생존 확률도 2%에 못 미친다. 스티브 잡스가 바로 이 췌장암으로 2011년에 사망했다.

췌장암을 조기에 정확하게 진단할 수 있는 기발한 기기를 개발한

한 고등학생이 있다. 1997년 미국 메릴랜드에서 태어난 잭 안드라카 (Jack Andraka)가 그 주인공이다. 안드라카는 그의 나이 겨우 13세 때 췌장암에 관심을 갖게 되었다. 자신을 아끼던, 아버지의 절친한 친구가 췌장암으로 사망한 것이 계기였다. 초등학생에 불과했던 안 드라카는 학교에서 췌장암에 관해 공부할 기회가 없었다. 인터넷을 통해 췌장암에 대한 정보를 얻은 안드라카는 60년 전부터 사용하던 췌장암 검사 방법이 검사료에 800달러나 소요되는 데 반해 결과는 부정확하다는 사실을 알게 되었다. 그는 이를 대체할 새로운 방법을 개발하고자 마음먹고 인터넷을 통해 공부하기 시작했다.

안드라카는 구글과 위키피디아를 뒤져 췌장암에 걸렸을 때 혈액 에서 발견되는 8,000개 이상의 단백질 종류를 파악했다. 췌장암 발생 초기에 수치가 높아지면서 췌장암에서만 나타나는 단백질을 찾아내는 과제를 반복하던 중 4,000번째 시도에서 췌장암이나 난 소암, 폐암에 걸렸을 때 '메소텔린(mesothelin)'이라는 단백질의 수 치가 증가한다는 사실을 알아냈다.

안드라카는 '탄소 나노 튜브(CNT)'로 암을 치료했다는 논문을 읽고 항체 반응에 이 재료를 쓸 생각을 했다. 메소텔린에만 특정하게 반응 하는 항체를 탄소 나노 튜브와 섞은 뒤 종이 위에 고정시킨 것이다. 이렇게 만든 종이 센서는 항체가 메소텔린과 엮여 커지면 탄소 나노 튜브를 흐트러뜨리고 전기 전도에 따라 모양이 변하는 모습을 관찰 할 수 있게 해 주었다. 이로써 간단하게 암을 진단할 방법이 마련된 것이다. 그는 7개월에 걸쳐 자신의 아이디어에 있는 결점을 보완하였고 그 결과, 비용은 3센트만 들고 검사 시간은 5분밖에 안 걸리는 센서를 만들어 냈다. 기존 췌장암 진단 방식보다 더 빠르고, 더 싸며, 400배 더 민감한 검사 센서를 개발한 것이다. 더욱이 100% 정확해서 향후 췌장암의 생존 확률을 끌어올릴 것으로 기대된다.

그는 자신이 성공한 비결에 대해 '인터넷 세상에 모든 것이 있다는 걸 발견한 것'이라고 말한다. 인터넷으로 논문을 읽고 아이디어를 찾을 수 있었던 것처럼 누구나 인터넷으로 세상을 바꿀 수 있다는 것이다. 하지만 더 중요한 것은 도전 정신이다. 어린 나이에도 불구하고 4,000번이나 실패하면서도 굴하지 않고 계속해서 목표한 단백질을 찾았고, 아이디어를 구체화하기 위해 세계적인 연구자의 문을 두드렸으며, 꾸준히 하나의 목표를 좇았다. 그는 성공할 수 있다는 믿음과 절대 포기하지 않는 불굴의 자세가 얼마나 대단한 것인지를 깨닫게 한다.

2. 농작물 개량

현재 지구 상의 인구는 73억 명으로 집계되고 있는데 그중 10억 명 정도의 인구가 굶주림에 허덕이고 있는 실정이다. 지구의 인구는 2050년에 100억 명으로 늘어날 것으로 추정되고 있는데 지구의 온

난화, 도시화, 산업화로 농지는 줄고 있어 식량난이라는 심각한 위협에 당면하게 될 것으로 예상된다. 따라서 지금까지의 육종 기술로는 식량문제를 해결하는 데 한계가 있다는 인식하에 해결책으로 등장한 것이 유전 공학적 기법에 의한 돌연변이 육종(breeding)이다. 미국을 비롯하여 선진 각국에서 이 분야의 연구가 활발하게 이루어져 급속하게 발전하게 되었고, 이 수단을 이용하여 새로운 슈퍼 돌연변이 품종들이 속속 개발되기 시작하였다(그림 10-3). 이것이 21세기의 유전자 혁명(gene revolution)이다.

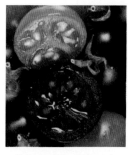  

색소 유전자 이식 토마토   무르지 않는 토마토   도열병 저항성 벼

그림 10-3 유전 공학적 기법으로 만들어진 돌연변이들

유전 공학은 1953년 제임스 왓슨과 프랜시스 크릭이 공동으로 DNA의 이중 나선 구조를 밝히면서 급속도로 발전하기 시작하였다. 그 후 제한 효소의 개발과 DNA 분석 기술이 발전하면서 유전 공학이라는 새로운 분야가 탄생한 것이다.

21세기 식량난 해결의 수단으로 등장한 유전자 조작에 의한 슈퍼 품종 개발은 모든 과학자들의 연구 과제가 되었다. 유전 공학은 단순한 세포 내의 유전자 변형이 아니고 모든 생물의 영역을 초월한 유전자 교환을 의미한다. 자연에서는 동종끼리 교배에 의해 유전자를 교환하지만 유전자 조작은 종의 범주를 벗어나 미생물·동식물의 경계를 넘나들면서 유전자를 인위적으로 상호 교환할 수 있는 획기적인 수단이다. 즉, 미생물의 유전자를 동식물에 삽입하거나 동식물의 유전자를 미생물에 삽입하여 유전자 변형을 유도하는 방식이다. 심지어 현재 멸종된 생물의 유전자를 생존해 있는 생물체에 삽입함으로써 멸종 생물의 복원을 시도하는 연구로까지 확대되고 있다. 유전 공학적 유전자 조작에 의해 많은 종류의 슈퍼 돌연변이가 여러 동식물에서 여러 연구자들에 의해 만들어지고 있다. 이러한 작물의 세계적인 재배 추세는 그림 10-4와 같다.

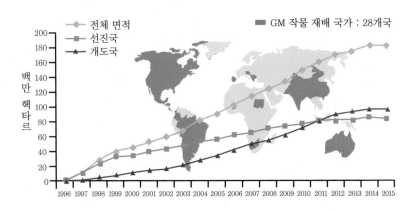

2015년 28개국 1,800만 명의 농민, 1억 7,970만 헥타르(4억 4,400만 에이커)의 GM 작물 재배 기록. 2014년 대비 1% 또는 180만 헥타르(440만 에이커) 감소

그림 10-4 전 세계 GM 작물 재배 면적 추이

1) 제초제 저항성 작물

제초제 내성 유전자를 작물에 집어넣어 제초제에 대한 저항성을 갖게 함으로써 인력으로 제거해야 하는 잡초를 농약으로 쉽게 방지할 수 있는데 이때 사용하는 유전자에는 bar, Rf3, CP4-EPSPS 유전자 등이 있다. Phosphiothiothricin에 아세틸기를 전달하여 글루타민 합성 억제제(Glutamine Synthetase Inhibitor)로서 역할하지 못하게 함으로써 제초제 저항성을 가지게 한다. 제초제에 저항성을 보이는 작물이 출시됨에 따라 농민들은 잡초와의 씨름에서 해방될 수 있는 강력한 도구를 얻게 되었다. 제초제 저항성 작물의 개발로 잡초의 종류와 주어진 환경적 특성에 따라 농민들은 필요한 때에만 적절한 제초제를 사용할 수 있게 되었다. 제초제 저항성 작물 덕분에 무경운 농법이 가능해졌고 이와 더불어 표층 유실을 방지하고 많은 양의 이산화 탄소 배출량을 줄일 수 있게 되었다. 제초제 저항성 작물은 옥수수, 콩, 면화, 카놀라 등 다양한 작물에 활용되고 있다.

2) 병해충 저항성 작물

작물에 큰 피해를 주고 있는 곰팡이, 박테리아, 선충 및 기타 병원균에 저항성을 나타내는 유전자의 발견으로 병 피해를 막을 수 있다. Lr34, EFR, ABR1 유전자 등이 개발되고 있다. 미국 하와이에서는 일례로 생명 공학 기법으로 육성한 바이러스 저항성 파파야가 1998년부터 농가에서 재배되기 시작하여 하와이 파파야 산업에 가장 큰 위협이 되었던 치명적인 파파야 점무늬병 바이러스를 퇴치할 수 있게 되었다. 생명 공학 기술이 하와이 파파야 산업을 구해 낸 셈이다. 이제는 이러한 생명 공학 기술이 살구나무 바이러스 저항성 개발 등 다른 과실나무로 확대되고 있다. 장차 생명 공학을 이용한 병 저항성 작물이 오렌지 청록병으로부터 전 세계 오렌지 주스 산업을 살려 낼 뿐만 아니라 미국 호두나무병 문제도 해결하리라 기대되고 있다.

Bt 유전자는 해충 저항성 작물을 만들어 전 세계 농민들은 해충 피해로부터 작물을 보호할 수 있게 되었다. 해충 저항성 특성을 가지는 목화가 그 좋은 예로 자연의 토양 미생물에서 유래한 유전자로 형질 전환한 목화는 목화 해충을 방제한다. 해충 저항성 작물은 옥수수, 감자, 목화, 유채에서 실용화되어 2014년에 방글라데시에서는 세계 최초로 해충 저항성 GM 가지의 상업적 재배가 승인된 바 있다. 과학자들은 만약 해충 저항성 가지가 인도와 같은 국가에서 재배되면 수량이 37%까지 증가하고 농약 사용량이 상당히 줄어 노동력과 비용을 절약할 수 있을 것이라고 전망하였다.

3) 가뭄 저항성 작물

기후 변화에 따른 가뭄은 농산물 생산에 아주 큰 위협이다. 온도 상승과 강수량 부족으로 농민들은 작물이 말라 죽는 것을 종종 목격한다. 물 부족 문제는 더욱더 심화되고 있다. 그러나 다행스럽게도 생명 공학 기술이 농민이 가뭄에 대처하는 데 도움이 되고 있다. 유전자로는 ABF, AGP, NF-YA7 유전자 등이 개발되고 있다. 콘 벨트로 알려진, 가뭄이 심한 미국 중서부 지역에 2013년 최초로 가뭄 저항성 형질 전환 옥수수가 심겼다. 지금은 이러한 가뭄 저항성 옥수수를 전 세계 가뭄 피해 지역으로 확대하여 재배하려는 연구가 진행 중이다. 3억 명의 인구가 옥수수를 주식으로 하는 아프리카에서는 가뭄 저항성 옥수수 개발 프로젝트가 민관 합동으로 추진되고 있다.

최근 국제식량정책연구소는 가뭄 저항성 옥수수를 재배하여 2050년 가뭄이 심한 동아프리카의 옥수수 생산량을 17% 증가시킬 수 있다는 연구 보고서를 발표하였다. 동시에 2017년에는 생명 공학 옥수수가 재배될 것으로 기대하고 있다.

4) 영양 개선 작물

쌀을 주식으로 하는 개발 도상국에서는 많은 어린이들이 비타민 영양 결핍에 노출되어 건강이 심각하게 악화되고 있다. 전 세계적으로 약 2억 5천만 이상의 아이들이 심각한 비타민 A 결핍에 처해 있고, 매년 50만 명의 아이들이 비타민 A 결핍증(VAD : Vitamin A Deficiency)에 의한 실명 등으로 고통받고 있다. 특히 도정된 쌀은 베타카로틴(beta carotene) 혹은 그 전구체를 가지고 있지 않기 때문에 쌀에서 비타민 A 성분을 섭취한다는 것은 불가능한 일이었다. 하지만 유전 공학적 작물 연구로 일반 쌀에는 전혀 없는 베타카로틴이 풍부한 황금 쌀이 개발되어 비타민 A 부족을 해소할 수 있을 것으로 기대되고 있다. 스위스의 피터 브램리 박사가 개발한 황금 쌀에는 베타카로틴이 함유되어 있다(그림 10-5).

그림 10-5 비티민이 풍부한 황금 쌀(위쪽)

그러나 아직은 사람이 섭취했을 경우 안전한지의 여부가 확실치 않아 안전성 검사 연구를 계속하고 있는 것들이 대부분이며, 현재 허용된 GMO(Genetically Modified Organism)는 옥수수, 콩, 토마토, 감자 등 서른아홉 개 품목에 불과하다(그림 10-6).

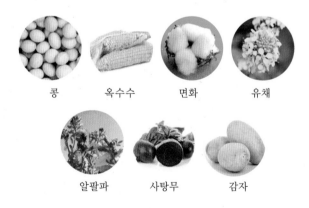

콩   옥수수   면화   유채

알팔파   사탕무   감자

그림 10-6 국내 수입 승인된 GMO 품목

슈퍼 돌연변이 품종 개발이 끝나 6년 이내에 추가로 보급될 것으로 예상되는 농작물은 훨씬 더 늘어날 것으로 전망되고 있다.

현재 미국에서 수입하는 콩과 옥수수는 100% GMO 작물이고 시장에서 파는 한 모에 1500원 하는 두부도 GMO 콩으로 만든 것이다. 우리가 먹고 있는 콩으로 만든 식품은 콩기름, 두부, 간장, 된장 등이고 옥수수는 사료, 전분, 옥수수기름, 팝콘, 통조림 등이 이에 속한다. 20년 이상 유전자 변형 식품을 먹어 온 셈이다. 그런데 유전자 변형 작물과 식품을 둘러싼 유해 논쟁은 여전히 진행 중이다. 무해하다 또는 유해하다는 판정을 과학적으로 입증하는 데 오랜 기간이 소요되기 때문이다.

GM 작물 가운데 커다란 저항을 받지 않는 대표적인 것으로는 콩, 옥수수, 무르지 않고 저장성이 강한 토마토 그리고 감자 칩을 만들기 위해 튀기면 발암 성분이 생산되는데 이 성분을 배출하지 않도록 유전자 변형된 감자가 있다. 면화는 대표적인 천연 섬유 작물이다. 보통 GMO 한 품목을 개발해 시장에 유통시키기 위해서는 생체 위해성과 환경 위해성 승인을 받아야 한다. 즉, 개발된 GMO가 인체(식용)나 가축(사료용)의 건강 그리고 주변 작물의 성장이나 생태계에 별다른 영향을 주지 않는다는 점이 확인되어야 재배 승인이 이루어진다. 현재까지 가장 많은 GMO 농작물의 특성은 제초제와 살충제에 저항성을 갖는 품종들이다. 즉, 제초제를 뿌렸을 때 살아남을 수 있도록 단백질을 생산하는 유전자가 이식된 품종이다. 전 세계 과학자들은 제3세계 국가의 기아와 영양실조를 퇴치하기 위해 1억 달러(한화 1천 200억 원 상당) 규모의 신(新) 곡물 개발 프로젝트에 착수했다. 이 프로젝트는 쌀, 밀, 옥수수, 감자, 콩, 열대 지방산인 카사바 등 주요 곡물에 대한 철분, 아연, 체내에서 비타민 A로 전환되는 베타카로틴 등의 영양소 개선과 수확량 확대에 초점을 맞추고 있다.

앞으로 10년 동안 진행될 이 프로젝트는 국제농업연구소자문단(CGIAR)이 주도하고 있으며, CGIAR은 빈곤과 환경 개선을 위해 농업에 과학 기술을 접목하는 세계 농업 연구소 네트워크로 전 세계 8천 500명의 연구 회원을 두고 있다.

나이지리아의 국제열대농업연구소(IITA)는 쌀 등 아프리카 주요 6대 곡물의 영양소 개선과 생산량 확대를 위해 전통적인 육종법(育種法) 연구에 집중하려는 계획을 세우고 있다. 전통적인 육종법이 별다른 효과를 보지 못할 경우, 유전자 변형 기술을 응용하는 방안을 검토하고 있다고 IITA의 아베데 멘키르 연구원이 밝혔다. 그 외에 콜롬비아, 가나, 페루, 멕시코, 필리핀 등의 국가 연구진도 곡물 생산량 증대에 힘을 쏟고 있다.

아프리카에서는 지난 2000년 한 해에 영양 실조와 기아로 최소한 180만 명이 숨졌다. 또 개도국에서 사망한 어린이의 절반이 영양 실조와 기아로 인한 것으로 알려져 있다. 한편 빌 게이츠 마이크로소프트(MS)사 회장이 설립한 '빌 앤드 멀린다 게이츠 재단'은 이번 신곡물 개발(harvest plus) 프로젝트에 2천 500만 달러를 기부키로 했다. 이 재단의 데이비드 플레밍 세계 보건 담당 이사는 "신곡물 개발 프로젝트는 빈민층의 삶을 획기적으로 개선할 수 있는 잠재력을 갖고 있다"라고 말했다.

3. 가축 개량

1950년대에 달걀은 귀하고도 귀했다. 아침 밥상에 오르는 달걀 찜은 아버지만 드실 수 있는 귀한 반찬이었다. 그때는 닭이 1년에 고작 50~60개의 알밖에 낳지 않았으니 달걀이 귀할 수밖에 없었다. 장가·시집가는 이웃집에 달걀 한 꾸러미를 선물하면 매우 큰 선물이었다. 그런 닭이 요즘은 거의 매일 한 알씩 달걀을 낳아 1년에 280~320개의 알을 낳는다. 이런 현상은 품종 개량 덕분이다.

유전자 변형 기술의 패러다임이 작물을 넘어 동물로 바뀌고 있다. 유전자 변형 동물은 생물체에서 특정 기능의 유전자를 제거하거나 새롭게 조합해 만든다. 유전자 변형 동물은 식품, 환경 오염 해결, 질병 치료 등 다양한 목적으로 연구되고 있다. 인공으로 사양(飼養)하는 먹거리는 가능하면 짧은 기간에 키워 출하하는 것이 바람직하다.

가축의 질병 내성, 사육 효과 증진, 많은 양의 육류, 양질의 고기

와 우유 생산 등을 위한 유전자 변형 연구가 활발히 진행되고 있다
(그림 10-7).

근육이 발달한 소   뿔이 없는 소

깃털 없는 닭   혈액 응고제 생산 염소

그림 10-7 GMO 슈퍼 가축들

척추동물의 골격근 발육에 관여하는 마이오스타틴(myostatin) 유
전자를 제거하면 골격근이 많아지는데 최근 육류 생산량을 높이기
위해 유전자 가위 기술을 이용하여 마이오스타틴 유전자를 완전
히 제거한 유전자 변형 돼지를 생산하는 데 성공했다. 또한 유전자
변형으로 탄생한 슈퍼 젖소는 무게가 무려 1,300kg이나 나간다.
　뿔로 인한 사고를 막기 위해 뿔이 없는 소는 축산 농가에서 원하
는 이상형 가축이다. 최근 유전자 가위(TALEN) 기술을 적용해 미

국에서 뿔 없는 젖소가 탄생했다. 뿔 없는 젖소를 생산하기 위해 유전자를 변형시키는 데 성공했으며 지난 주 다섯 마리의 뿔 없는 젖소를 생산했다고 밝혔다. 자연적으로 발생한 뿔 없는 소의 대립 유전자를 정상적인 젖소 배아에 이식하는 방식을 사용한 것이다.

또한 미국 연구진은 최근 사람의 항체를 생산하는 유전자 변형 소를 만들었다. 소에 사람의 면역 유전자를 집어넣은 뒤 외부 병원성 물질(항원)에 노출시킨 결과, 소가 사람이 만들어 내는 것과 똑같은 항체를 만들어 냈다. 연구진은 이를 통해 유전자 변형 소를 이용한 항체 치료법을 연구 중이다.

미국의 바이오 벤처 회사인 GTC가 GM 염소의 젖에서 항혈액 응고제를 생산하여 유전자 변형 염소가 주목을 받았다. 미국 FDA는 GTC가 개발한 유전자 변형 염소의 젖에서 생산된 항혈액 응고제 '에이트린(ATryn)'의 판매를 승인했다. 이 외에도 형광 실크를 생산하는 누에가 개발되었고, 미국의 Yorktown Technologies사는 여섯 가지 형광색을 발현하는 관상용 물고기를 대만, 말레이시아, 홍콩, 싱가포르 등에 판매하고 있다(그림 10-8).

그림 10-8 **형광 누에(왼쪽), 여러 색 물고기(오른쪽)**

4. 수산물 개량

아쿠아바운티사(AquaBounty Technologies)가 생산한 유전자 변형 연어가 FDA의 최종 승인을 받으면서 유전자 변형 동물성 식품으로서는 사실상 최초로 미국 시장에 유통될 것이라는 전망이다 (그림 10-9).

그림 10-9 **양식 18개월 된 유전자 변형 연어(뒤)와 자연산 연어(앞)**

유전자 변형 연어는 유전자와 성장 호르몬을 조작하여 일반 연어보다 더 빠른 속도로 더 크게 자란다. 등가시치과의 물고기인 '오션파우트'의 성장 호르몬 유전자를 대서양산 연어에 이식한 결과, 새로 탄생한 연어는 오션파우트의 부동화(不凍化) 단백질 덕분에 보통 연어의 성장이 멈추는 한겨울에도 계속 자란다. 일반 연어가 시장에 출하될 수 있는 크기로 자라는 데 기간이 3년 소요되는 반면 유전자 변형 연어는 16~18개월이면 가능하다. 성장과 번식 속도가 빨라 소비자는 값싸게 연어를 즐겨 먹고 양식업자들은 더 큰 수익을 기대할 수 있다. 그 외에 중국에서 개발한 잉어, 쿠바와 영국에서 개발한 틸라피아, 캐나다의 무지개 송어 등이 있으며(그림 10-10), 속성 미꾸라지도 상업화를 앞두고 있다(그림10-11). 또한 필수 미량 영양소 비티민 C 등을 대량 생산할 수 있는 상어종으로부터 GLO 유전자를 발굴하여 비타민 생산 어종을 개발할 수 있게 되었다.

그림 10-10 **성장이 빠른 붕어**

그림 10-11 **성장이 빠른 미꾸라지**

5. 관상용 물고기의 다양한 색깔 변이

대만의 Dr Tsai 그룹은 자외선 아래서 푸른빛을 발하는 형광 송사리를 개발하여 아시아 지역 시판에 나서고 있으며, 싱가포르의 Dr Gong 그룹이 개발한 형광 제브라피시는 미국 Yorktown Technologies사에 판매권이 넘어가 미국 전역에서 날개 돋친 듯 판매되고 있다고 알려져 있다(그림 10-12). 유전자 변형 어류는 인류의 식량 문제 해결, 생명 연장 및 삶의 질을 높이는 데 잠재적인 이용 가치가 크므로 안정적인 생산 체제를 확립하기 위해 지속적인 연구들이 이어질 것이나 예기치 못한 위해성에 대한 논란 또한 가열되고 있음은 주지의 사실이다.

그림 10-12 형질 전환된 제브라피시(왼쪽)와 송사리(오른쪽)

6. 환경 개선

영국의 Oxitec사는 뎅기열 매개체인 이집트 숲 모기(Aedes aegypti)의 개체 수를 감소시키기 위해 불임 모기인 OX513A를 개발하여 지금까지 5개국에서 시험 방출 실험을 진행하였으며(그림 10-13), 2014년 브라질 당국에서 불임 모기의 상업적 이용을 승인받아 시행하고 있다.

옥수수, 콩과 보리를 포함한 곡물은 피트 산(phytic acid)의 형태로 50~75%의 인을 포함하고 있다. 형질 전환 돼지(enviropig)는 보다 효과적으로 피트 산을 소화할 수 있기 때문에 미네랄 인산 또는 피타아제(phytase)를 보충할 필요가 없다(그림 10-13).

그림 10-13 **환경 개선에 투입된 동물들**
뎅기열 전염 방지용 모기(왼쪽), 환경 오염 감소 돼지(오른쪽)

실질적 성장 단계인 돼지의 분뇨에서 20 내지 60%의 인(P) 함량이 감소된다. 인은 수질을 오염시키는 원인이 되어 규제 대상이다.

형질 전환 돼지는 뮤린 이하선 분비 단백질 유전자 및 대장균 피타아제 유전자를 미세 주입법으로 수정된 배아 내로 도입하여 탄생시킨 돼지이다.

식물 이용 환경 정화 기술(phytoremediation)이란 식물을 이용하여 토양이나 수자원, 공기 중으로부터 오염 물질을 제거하는 기술이다. 어떤 식물들은 특정 물질을 흡수하여 세포의 액포(vacuole)에 저장함으로써 자신은 그 물질의 독성을 피하고 다른 생물이 섭취했을 때 독성이 나타나도록 한다. 식물 이용 환경 정화 기술은 이러한 식물의 특성을 이용하여 각종 오염 물질을 제거하거나 무독화시켜 환경을 정화하는 것을 의미한다. 산업화로 인한 환경 오염이 증가하는 추세고 오염 지역도 방대하기 때문에 일반적인 오염 제거 방법으로는 불가능한 경우가 많다. 이에 대처하기 위한 방법으로 등장한 것이 식물 이용 환경 정화 기술이다. 이 기술을 이용하여 오염 물질을 효과적으로 제거하기 위해서는 오염 물질의 종류, 오염 정도, 오염 지역의 환경 등을 고려하여 그에 적합한 방법이나 식물을 사용해야 하기 때문에 오염 물질에 적절한 정화 기능을 갖는 식물체의 선별 및 정화 능력을 극대화하기 위한 연구가 활발하게 진행되고 있다.

1986년 체르노빌에서 일어난 방사능 유출 사고 때문에 최대 반경 100km 지역이 방사성 물질로 오염되었다. 이 지역은 토양과 지하수뿐 아니라 동식물도 세슘(Cs), 스트론튬(Sr), 플루토늄239(239Pu), 요오드(I) 등으로 오염되었고, 방사능 오염 지역의 범위가 너무 방대했기 때문에 토양을 수거한 후 소각하거나 화학 처리하는 기존의 처리 방법을 적용하기에는 불가능한 상태였다. 이 경우 오염 제거에 식물로 해바라기가 이용되었다. 미국의 Phytotech 사는 해바라기가 금속을 잘 흡수하는 점을 이용해서 식물을 이용한 추출(phytoextraction) 방법으로 넓은 오염 지역을 효과적으로 정화할 수 있는 가능성을 제시하였다. 방사성 물질로 오염된 연못에서 12일 동안 해바라기를 키웠을 때, 줄기에는 8,000배나 높은 양의 스트론튬이, 뿌리에는 2,000배에 달하는 세슘이 흡수·저장

되었다. 이러한 해바라기의 특성을 이용해 체르노빌 인근의 오염된 연못에 해바라기를 띄워 약 2~3주간 키우면서 방사성 물질을 뿌리에 많이 흡수하도록 한 뒤 수거하여 방사성 폐기물로 처리하였다 (그림 10-14).

그림 10-14 **오염 제거용 해바라기**

같은 지역에 반복적으로 새로운 해바라기를 도입하여 연못 내의 방사성 물질을 제거하였을 뿐 아니라 주변 토양의 오염 물질도 지하수를 통해 이동시켜 정화할 수 있었다. 전체 토양을 수거하여 정화할 필요 없이 상대적으로 부피가 작은 식물만 수거하여 처리하면 되기 때문에 다른 방법보다 훨씬 저렴하고 적용 방법이 간단하며, 광범위한 오염 지역을 정화하는 데 큰 도움이 되었다.

식물을 이용한 환경 정화 방법은 위에서 언급한 방사성 물질이나 납 이외에도 다른 중금속과 유기 오염 물질로 오염된 토양과 지하수 정화에도 적용되고 있다. 미국은 오염이 심각한 지역을 슈퍼 펀드(super fund) 지역으로 지정하고 식물을 이용하여 환경을 정화하려는 시도를 하고 있다. 이들 지역에서는 각각의 오염 물질과 오염 지역의 특성에 따라 다양한 종류의 식물을 이용하여 오염 물질을 제거하려는 노력을 하고 있다. 예를 들어 포플러는 뿌리가 땅속 9~12미터 깊이까지 파고들어 지하수 속의 트리클로로에틸렌(TCE)을 흡수하는 데 유리하다는 것이 알려져 있다. 이러한 특성을 살려 미국 메릴랜드의 애버딘(Aberdeen) 무기 시험장 지역과 텍사스의 카스웰(Carswell) 지역 등지에서 TCE로 오염된 지하수를 정화하는 데 포플러를 사용하였다. 그 이외에 갓(Indian mustard)은 납과 같은 중금속을 효과적으로 흡수하는 과축적 식물로 알려져 있어 미국 트윈 시티(Twin Cities) 군사 지역의 정화에 사용되었다.

중금속 오염 토양뿐만 아니라 쓰레기 침출수나 축산 폐수를 정화하기 위해 식물을 이용하는 기술에 대한 연구도 진행 중이다. 포플러를 이용하여 축산 폐수 및 쓰레기 침출수를 정화하는 연구를 하고 있다. 포플러 한 그루가 하루 50리터 이상의 쓰레기 침출수를 처리할 수 있으며, 500그루 정도의 포플러는 젖소 200마리에서 발생하는 축산 폐수를 처리할 수 있기 때문에 포플러를 이용한 축산 폐수 정화림을 조성해 실용화 실험을 진행 중이다.

과축적 전체 게놈 서열이 밝혀진 박테리아나 효모, 애기장대 등을 모델로 사용하여 중금속이나 유기 화학 물질과 같은 오염 물질에 대해 저항성을 가지는 유전자를 선별하여 식물에 도입하고 그 저항성을 시험하는 연구도 활발하게 진행되고 있다. 또한 과축적 식물에서 저항성을 부여하는 유전자를 찾는 연구도 함께 진행되고 있다. 대표적인 예로는 박테리아의 merA(mercuric ion reductase) 와 merB(organomercurial lyase) 유전자를 고등 식물인 애기장대 와 담배 그리고 포플러에 도입하여 수은에 대한 저항성을 향상시 킨 것인데, 이들 유전자로 형질 전환된 식물은 수은에 대한 저항성 이 증가했을 뿐 아니라 수은 제거 능력이 크게 향상된 것으로 보고 되었다. 또한 박테리아의 ArsC(arsenate reductase)와 gamma-ECS(gamma-glutamylcysteine synthetase) 유전자를 함께 도입한 애기장대는 비소에 대한 저항성 및 축적성이 크게 증가하였으며, 지상부에 일반 식물의 두세 배 이상의 비소가 축적된 것으로 보고 되었다.

현재는 YCF1(Yeast Cadmium Factor 1) 유전자를 실제 오염 지 역에 응용이 가능한 포플러에 도입하여 저항성을 평가하는 단계에 있다. YCF1을 애기장대에 도입하여 카드뮴 및 납에 대한 저항성을 시험한 결과, 형질 전환된 애기장대가 야생종에 비해 카드뮴과 납 에 대한 저항성 및 축적성이 크게 증가한다는 것을 알아냈다. 이 형질 전환 식물은 체내에 들어온 카드뮴과 납을 액포에 저장하여 이들 중금속을 무독화시키는 능력이 크게 향상된 것으로 나타났으 며, 현재는 YCF1 유전자를 실제 오염 지역에 응용이 가능한 포플 러에 도입하여 저항성을 평가하는 단계에 있다.

7. 의료용 동물 개발

의료용 동물은 장기 이식용과 의료 약품 생산용으로 나뉜다. 국내에만 해도 콩팥이 망가져 이식 받기를 원하는 환자가 2만 명을 상회하고 있고 아예 이식을 포기하고 투석으로 연명하고 있는 환자는 20만 명이 넘는다. 그 대책으로 나온 것이 미니 무균 돼지이다. 인간의 장기 대신 동물의 장기를 사람에게 이식하여 병을 치료하자는 당찬 연구 프로젝트로 아직 연구 중에 있어 실용화까지는 많은 시일이 걸리겠고 성공하지 못할 수도 있을 것이다. '미니'라는 명칭은 일반 돼지는 제대로 크면 250kg까지 자라기 때문에 장기의 크기를 사람의 것과 맞추기 위해 100kg 이상 크지 않는 작은 돌연변이 돼지를 사용하기 때문에 붙여졌다. 또한 돼지에서 면역에 관여하는, 소위 거부 반응을 일으키는 'CMAH 전이 효소' 유전자 두 개를 완전히 제거한 다음 동물 복제 기술로 유전 형질을 바꾼 미니 돼지를 생산한 것이기에 무균 돼지라고 명명하였고 두 가지 단어를 합해서 미니 무균 돼지라는 이름을 붙이게 되었다. 그러므로 이 미니 무균 돼지는 우리를 무균 상태로 만들어 주고 사료와 물도 멸균해서 먹여야 하기 때문에 아주 값비싼 환경에서 키우고 있다. 현재 국립축산과학원에서 무균 돼지의 장기를 원숭이에게 이식하여 생존 상태를 점검하고 있는 중이다. 미국 시카고 대학의 김윤범 교수가 무균 상태의 면역 반응을 1960년부터 연구하기 시작했고, 1973년 세계 최초로 무균 돼지 생산에 성공하였다. 무균 돼지는 수많은 교배를 통해 무균 특성을 강화해야 하기 때문에 사육에 상당히 오랜 시간이 걸린다. 김윤범 교수는 2003년 완전 무균 상태의 미니돼지를 황우석 교수팀에게 무상으로 제공한 바 있다.

그 이외에 의약품이나 대체 식품 생산으로는 성장 호르몬 생산용으로 토끼, 돼지, 양이 개발되었고 항체 생산용으로는 산양, 젖소, 닭이, 효소 생산용으로는 염소, 돼지가, 백신 생산용으로는 토끼 등이 개발되고 있다.

제11장

멸종 동물의 복원과
미래 진화

1. 8,000만 년 전 매머드의 복원은 가능한가

　과학자들은 멸종된 동물들의 DNA를 채취해서 현재 살아 있는 동물에 삽입하여 재생시키는 역진화(reverse evolution)에 관한 연구를 진행하고 있다. 연구 수행을 위해서는 우선 멸종된 동물의 DNA를 채취할 수 있어야 하기 때문에 온전한 사체, 피부나 혈액에서 DNA를 추출해야 한다. 이것을 다른 동물의 난자에 삽입해 수정란을 만들고 멸종 동물과 가장 가까운 동물에 이식하여 성장시키면 멸종 동물이 복원된다는 것이다.

　복원 대상이 된 멸종 동물은 산양(山羊)의 일종인 카프라 피레네 아이벡스(Capra pyrenaica)와 여행비둘기(Ectopistes migratorius)와 일명 나그네비둘기라고도 불리며 북아메리카 대륙 동해안에 서식했던 야생 비둘기 그리고 4,000년 전에 멸종한 틸 매머드(Mammuthus primigenius) 등이다. 또한 새가 공룡에서 기원했다는 사실을 바탕으로 현생 조류를 공룡에 가깝게 역진화시키는 프로젝트도 실행 중이다. 새의 유전자 중 발현이 중지되어 있는 이빨 유전자, 발톱 유전자 등을 발현시켜 공룡과 닮은 새를 만든다는 것이다. 실제로 새는 이빨, 발톱 유전자를 보존하고 있어 이를 발현시킬 경우에 배아 단계에서 이빨과 발톱이 나타난다.

코끼리와 비슷하게 생긴 거대한 매머드가 지구 상에서 사라진 것은 대략 4,000년 전이다. 시베리아 지역의 빙하 속에서 얼어붙은 매머드 사체가 종종 발견되는데, 일부 매머드는 유전자 그대로 보존되어 있다(그림 11-1). 연구자들이 매머드 유전자와 아시아코끼리 유전자를 비교해 본 결과, 매머드에서 아시아코끼리보다 추위에 잘 견딜 수 있게 해 주는 14종의 유전자를 확인했다. 그리고 매머드의 유전자를 아시아코끼리의 유전자와 바꿔치기 하는 방식으로 매머드에 가까운 코끼리 세포를 만들어 냈다고 발표한 바 있다. 유전자가 더 밝혀질수록 매머드와 가까운 세포를 만들어 낼 수 있을 것이라고 한다.

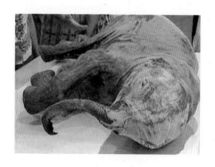

그림 11-1 러시아 동토에서 발굴된 매머드 디마(1977년)

매머드의 복원을 시도하려는 연구도 진행되고 있다. 매머드의 화석이 알래스카나 시베리아 동토 지역에서 발견되기 때문에 DNA를 얻기 쉽다(그림 11-2). 이 장소들은 춥고 얼어 있어 뼈와 털에 DNA가 잘 보존되어 있기 때문에 DNA를 얻기에 적합하다. 이렇게 발굴

된 화석을 기반으로 현재 매머드의 DNA 염기 서열은 대부분 분석
된 상태다.

그림 11-2 **복원하려는 털복숭이 메머드**

3,700여 년 전 멸종한 털북숭이 매머드(woolly mammoth)는 갈색
털로 뒤덮인 채 설원을 돌아다니던 거대한 매머드속(Mammuthus)
동물이다. 빙하기 이전에 유럽 등 따뜻한 지역에서 생활하던 매머
드 종도 있었으나 빙하기를 지나면서 멸종되었고 추위에 강한 털북
숭이 매머드만 살아남았다가 마지막 빙하기가 끝날 무렵 개체 수가
줄기 시작하여 시베리아 랭겔 섬에서 발견된 3,700년 전의 매머드
가 마지막이었다고 한다.

현존하는 코끼리는 아시아코끼리(Elephas maximus)와 아프리카
코끼리(Loxodonta africana) 두 종이 있는데 이 중 아시아코끼리
가 매머드와 가까운 진화 계통이다. 아시아코끼리와 매머드는 대략
600만 년 전 공통 조상으로부터 분리된 것으로 알려졌기에 연구자
들은 매머드와 아시아 코끼리의 잡종을 만들려 한다. 매머드 DNA

가 삽입된 잡종 게놈을 만들어 이 DNA를 아시아 코끼리의 난세포에 넣고 배아로 성장시킨다. 배아를 암컷 아시아코끼리의 자궁에 착상시키면 대략 20개월 후 매머드가 탄생하게 된다. 미국 하버드대학 연구팀에서 이미 매머드의 주요 유전자 열네 개를 찾아 아시아 코끼리 게놈에 이식하는 데 성공했다고 보고한 바 있다.

자연 도태에 의해 멸종된 것이 아니고 인간의 남획과 자연 파괴로 멸종된 동물을 부활시키기 위한 연구도 활발하다. 유럽 과학자들은 산양의 일종인 '피레네아이벡스'를 복원하는 연구를 진행하고 있는데 이는 지난 2000년에 마지막으로 숨진 이 동물의 세포를 보관하고 있었기 때문에 가능한 일이었다. 연구진은 다른 산양의 난자에 이 동물의 세포를 넣어 복제(複製) 피레네아이벡스를 만들려고 한다.

1983년 호주에서 멸종한 위부화개구리, 1936년에 멸종한 태즈메이니아호랑이 등도 같은 과정을 거쳐 복원이 진행되고 있다. 1800년대 초반 북미 지역에 수십 억 마리가 살았던 여행비둘기는 1914년에 멸종했다. 하버드대 연구팀은 미국 전역의 박물관에 있는 여행비둘기 박제에서 유전자 조각들을 찾아내 완전한 유전자를 만드는 작업을 진행 중이다. 유전자가 완성되면 바위비둘기 난자에 넣어 복원할 계획이다.

멸종 동물의 복원이 모두 가능한 것은 아니다. 복원을 위해서는 여러 가지 조건이 충족되어야 한다. 복원하고자 하는 종의 DNA가 있어야 하고, 그 멸종 생물의 DNA를 집어넣어 변형시킬 대상 생물을 정해야 한다. 대상 생물은 복원하려는 생물과 진화 계통상 가까운 종을 활용한다. 또한 복원한 생물이 살아갈 수 있는 생활 공간, 생태계 등 여러 가지 환경을 반드시 고려해야만 한다.

돌연변이만이 지구 종말까지 살아남는다? 최근 고생물 분자 유전학적 분석에 의해 지구 시초의 생명체가 무한한 돌연변이 과정을 거쳐 진화해 왔다는 사실이 서서히 밝혀지고 있다. 과거의 사실이 입증되면 미래는 과거의 사실과 연관성을 찾을 수 있는 기정사실로 받아들일 수 있기 때문이다. 필자는 이것을 미래 진화(future evolution)라고 칭하려 한다. 물론 미래 진화가 어느 방향으로 진화할지에 대한 해답은 자연의 몫이다. 자연이 선택해 주는 돌연변이는 살아남을 것이고 자연이 버리는 것은 도태될 것이다. 오직 자연의 선택에 따르기 때문에 인간에게는 미지의 세계다. 돌연변이를 평가함에 있어 반드시 구분해야 할 점이 있다. 인간의 입장에서 보느냐 아니면 자연 선택의 기준에서 보느냐에 따라 큰 차이가 있다는 것이다. 인간의 입장으로는 '좋은 것이냐, 나쁜 것이냐'가 기준이지만 자연은 '적응하느냐, 적응하지 못하느냐'로 구분한다. 고로 인간이 선택한 돌연변이는 자연에서 적응하기가 어려운 것들이 많고 인간의 보호하에서만 생존이 가능하다. 그러므로 사람이 재배하거나 사육하는 모든 농작물과 가축들은 사람이 보호하지 않으면 자연에서는 홀로 생존할 수 없다. 이처럼 인간이 선택한 것과 자연이 선택한 것이 다른 것은 어느 때부터인가 인간은 자연에 거스르는 방향으로 진화되어 가고 있음을 의미한다. 인간이 자연에 순응하면서 자연과 함께 더불어 살아가는 것이 아니고 자연을 지배하려는 단계에 접어든 것이다. 물론 한계는 있다. 아직도 생명 탄생의 비밀을 풀지 못하는 것처럼 말이다. 하지만 그 경계선이 어디인지는 확실하지 않다.

2. 몽구스는 왜 방울뱀에 물려도 죽지 않는가

자연에서 발생하는 돌연변이를 인간이 만들 수는 없을까? 이런 생각에서 미국의 허먼 조지프 멀러 박사가 1927년 초파리에 X–선을 조사하여 처음으로 돌연변이를 만들게 되었는데 이것이 인간이 만든 최초의 돌연변이라 해서 인위돌연변이라 부르게 되었다.

오랜 연구 결과, 돌연변이는 무작위로 발생하며 원래의 모집단보다 변이 폭이 커진다는 사실이 밝혀졌다(그림 11–3). 이런 현상은 멀러 박사도 그 당시 모르고 있던 사실이다. 그림 11–3은 돌연변이가 항상 양방향으로 발생하는 것을 나타낸다. 즉, 병에 강한 돌연변이가 나오는가 하면 병에 약한 돌연변이도 동시에 발생한다는 의미이다. 수명이 긴 돌연변이와 수명이 짧은 돌연변이가 동시에 발생하게 되는 것이다. 이러한 돌연변이를 인간이 선택하면 육종(breeding)이 되고 자연이 선택하면 진화(evolution)가 된다.

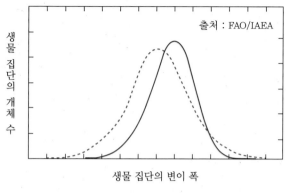

그림 11-3 **돌연변이의 발생 분포도**

돌연변이는 물리적 유기원(mutagen)과 화학적 유기원, 미생물 그리고 유전 공학적 기술 등에 의해 발생하며, 자연에서 그 유기원이 될 수 있는 요인은 많이 존재한다. 미래의 지구 환경은 더욱 이러한 물질이 증가할 것으로 예상된다. 돌연변이는 체세포 돌연변이(somatic mutation)와 생식 세포 돌연변이(germinal mutation)로 나뉘는데 체세포 돌연변이는 다음 세대에 전달이 안 된다. 그러나 예외가 있다. 지구에 처음 탄생한 원시 생물은 단세포이고 무성적으로 증식하였기 때문에 체세포 돌연변이가 변이의 근원이 된다. 원시 세포의 증식은 무성적으로 하나의 세포가 둘로 나뉘는 클론(clone) 증식이기 때문에 엄밀히 말하면 후대가 아니고 형제라고 해야 옳은 표현이다. 그러나 이 경우 하나의 세포에서 두 개의 세포로 나뉠 때 그중한 세포만 유전자에 변화가 생길 수 있고 이것은 같은 세포에서 나뉜 세포지만 유전자가 달라져 원래의 세포와는 다른 형제 세포가 된다. 이러한 체세포 돌연변이는 지구 상에 처음 탄생한 원핵 세포가 무성적으로 26억 년이나 살아오면서 체세포 돌연변이만이 유일한 변이 창출 수단이 되었고 12억 년 전 유성 생식으로 전환되면서 체세포 돌연변이가 아닌 생식 세포 돌연변이로 후대를 계승하게 되어 현재에 이르렀다. 이러한 돌연변이의 계승은 미래에도 계속될 것이다.

자연에서 만들어지는 돌연변이와 인간이 인위적으로 만든 돌연변이는 속도 면에서 비교가 안 된다. 생명 과학의 발달로 자연에서 발생하는 돌연변이보다 인간이 만드는 돌연변이가 엄청 빠른 속도로 그리고 다양하게 만들어지고 있기 때문에 인위돌연변이가 자연돌연변이를 능가하는 분계선에 도달했다고 본다. 이러한 인위돌연변이는 식량 문제 해결, 질병 퇴치, 환경 개선 등 인류의 삶을 영위하는 데 긴요한 자원이 될 것이라 믿는다.

김장 배추가 엄동설한 강추위도 견디어 내고 봄까지 살아남는다면 어떠하겠는가? 일반 배추가 겨울에 밭에서 살아남을 수는 결코 없다. 그림 11-4는 추운 겨울에 밭에서 견디어 낸 배추다. 이 배추는 중이온 빔을 처리하여 DNA를 변형시킨 돌연변이다. 그림 11-4에서 왼쪽 사진은 밭에서 겨울을 넘겨 대부분 고사한 상태인 배추고, 오른쪽 사진은 봄까지 살아남은 몇 포기의 돌연변이 배추다. 아직 유전적 배경은 밝혀지지 않았지만 이 돌연변이 계통을 이용하여 더위에 견디는 '상춘'과 '하령' 두 종의 배추 품종을 개발하여 국립 종 자원에 등록하였다. 후속으로 추위에도 잘 견디는 품종이 출시될 것으로 전망된다.

김치가 2005년도 미국 헬스 잡지에서 세계 5대 건강 식품으로 선정된 이후 여러 나라에서 한국의 배추 종자를 구입하려는 주문이 늘고 있다. 그런데 우리 배추는 추위에 약하고 더위에도 약한 결점이 있어 결점을 보완하는 데 쓰일 강한 DNA 유전자가 필요한 실정이다.

김장에 꼭 필요한 무도 마찬가지다. 무 역시 김장에 없어서는 안 되는 필수 재료인데 무도 추위에 약한 결점을 가지고 있다. 그림 11-5는 중이온 빔을 조사하여 추위에 견디는 돌연변이 계통이다. 추위에 견디는 유전자는 더위에도 견디는 경향이 있는 것으로 알려져 있으므로 이런 유전자를 활용하면 원하는 배추와 무 종자를 만들 수 있을 것으로 예상된다.

추위 못 견딘 배추　　　　　　돌연변이 배추

그림 11-4 추위에 견디는 돌연변이 배추(오른쪽)

추위 못 견딘 무　　　　　　돌연변이 무

그림 11-5 추위에 견디는 돌연변이 무(오른쪽)

우리나라는 삼면이 바다인 반도로서 서해안과 남해안에 간척지가 많다. 간척지는 염분 농도가 높기 때문에 일반 농작물을 재배하기 어렵다. 그림 11-6은 염분 농도 0.8%의 논에서 자라고 있는 내염성 돌연변이 벼다. 물론 감마선을 처리하여 DNA를 변형시킨 것이다. 왼쪽은 잘 자라고 있는 돌연변이고, 오른쪽은 일반 벼 품종들인데 잘 자라지 못할 뿐만 아니라 이삭조차 나오지 못한 상태다. 염분에 잘 견디는 돌연변이는 이미 국립 종 자원에 종자 등록이 완료되어 농가에 보급된 바 있다.

그림 11-6 **염분 0.8%의 간척지 논에서 시험 재배하고 있는 내염성 돌연변이 벼**

깻잎 대신 고춧잎에 삼겹살을 싸서 먹는다면 어떨까? 고춧잎은 영양가도 대단히 높은 것으로 알려져 있어 고춧잎으로 나물을 만들어 먹는 주부도 많다. 그런데 그림 11-7(왼쪽)은 고춧잎이 들깻잎만큼 큰 돌연변이가 출현한 것이다. 이 돌연변이는 중이온 빔을 조사하여 만든 것이다.

고춧잎은 영양가가 높아 오랜 기간 우리의 전통 식품이었다. 이 돌연변이 고춧잎은 깻잎처럼 삼겹살을 싸서 먹으면 부드럽고 영양가도 높아 기호가 높은 식품이 될 것이라 생각된다. 마디가 촘촘한 고구마 줄기의 고구마 돌연변이도 재배 농가의 신품종으로 보급이 유망하다(그림 11-7 오른쪽).

돌연변이 고추   돌연변이 고구마

그림 11-7 잎이 들깻잎만큼 큰 돌연변이 고추와 돌연변이 고구마

이러한 여러 가지 돌연변이는 모든 생물에서 무작위로 발생한다. 큰 것, 작은 것, 다양한 색, 병에 강한 것, 병에 약한 것, 수명이 긴 것, 수명이 짧은 것 등이 발생하기 때문에 필요에 따라 선택하여 사용할 수 있다(그림 11-8, 11-9). 미래의 먹거리를 해결하기 위한 수단으로 돌연변이의 이용은 불가피한 실정이라고 예상된다.

그림 11-8 배추의 난쟁이 돌연변이(오른쪽)

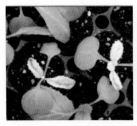

그림 11-9 색 변이 돌연변이 배추(왼쪽), 고추(중앙), 무궁화(오른쪽)

몽구스(mongoose)는 뱀의 천적으로 유명하다. 대표 종인 인도몽구스는 몸 길이 37~45cm, 꼬리 길이 35~38cm이다. 꼬리는 길고 앞·뒷발에는 다섯 개의 발가락이 있다. 앞발에는 날카롭고 구부러진 발톱이 있고, 뒷발은 발뒤꿈치까지 드러나 있다. 털은 억세고 노르스름한 회색을 띠는데, 거기에 검은색 털이 섞여 있다. 일반 동물은 코브라와 같은 독뱀에게 물리면 독에 의해 신경이 마비되거나 사망에 이른다. 몽구스는 몸에 아세틸콜린 수용체(AChR)라는 물질을 생성하는 돌연변이가 생겨서 뱀독 알파뉴로톡신(α-Neurotoxins)에 저항력을 가지고 있어 뱀독을 중화시키기 때문에 뱀에 물려도 끄떡없다.

그림 11-10 방울뱀의 천적인 몽구스

이런 몽구스의 생존 진화는 오랜 기간에 걸쳐 자연환경에 적응할 수 있는 DNA 유전자의 선택이 고정화된 현상이다. 뱀독에는 신경독과 출혈독 두 가지가 있는데 신경독을 가진 뱀에는 코브라와 바다뱀이, 출혈독을 가진 뱀에는 살모사, 방울뱀이 있다.

해파리냉채는 중국 음식점의 주요 메뉴다. 그런데 여름에 피서하기 위해 해수욕장에 갔다가 곤욕을 치루는 경우가 종종 있다. 우리나라 해안에 서식하는 해파리는 독성을 지니고 있고 어업에 많은 피해를 주고 있다. 해파리에는 노무라입깃해파리, 보름달물해파리, 범피 등 여러 종류가 있으며, 그중 숲뿌리해파리(Rhopilema esculentum) 등 일부 종의 우산 부위를 식용한다. 우리나라 근해에서는 거의 안 잡혀 중국에서 수입해 온다. 해파리 중에는 형광을 띠는 녹색형광단백질(GFP : Green Fluorescent Protein)을 가진 종류(Aequorea victoria)가 있다. 이 해파리를 이용하여 유전 공학에서 연구용 GFP 유전자를 개발하였고, 유전자를 새로 삽입할 때 형광 단백질을 만드는 유전자도 같이 붙여서 유전자가 제대로 삽입되었는지 확인하는 생물학적 마커로도 사용하고 있다. 형광 유전자는 GFP 이외에도 청록색형광단백질(CFP : Cyan fluorescent protein), 노란형광단백질(YFP : Yellow fluorescent protein), 파랑형광단백질(BFP : Blue fluorescent protein)이 있다. 2008년에 시모무라 오사무(下村脩), 마틴 챌피(Martin Chalfie), 로저 첸(Roger Tsien)이 이 연구로 노벨 화학상을 공동 수상하였다.

GFP 유전자는 유전 공학에서 다양하게 이용되고 있다. 표지 유전자의 활용 이외에도 쥐, 고양이, 닭, 소, 누에고치, 물고기, 파리지옥 등 동식물에서 많은 형질 전환 생물을 만드는 데 활용되고 있다. 그런데 독성이 있는 해파리를 먹고 사는 쥐치, 개복치, 부채새우, 거북이 같은 천적이 있으니 자연의 생존 경쟁은 피할 수 없는 현상인가 보다.

3. GMO와 유전자 가위(CRISPR)는 무엇이 다른가

인위돌연변이를 만드는 방법은 방사선과 화학 약품을 처리해서 만드는 방법과 유전공학기술로 만드는 방법으로 크게 나뉘는데, 전자는 종자나 세포에 돌연변이 유기원을 처리하여 만드는 육종 방법으로 원래 그 생물이 지니고 있는 유전자 풀 내에서 유전자를 한두 개 정도 바꾸거나 염색체를 변형시켜 만드는 것이다. 이러한 기존 돌연변이 육종법은 지난 100년 동안 충분히 안전성이 검증된 상태여서 전 세계적으로 일반화되어 있기에 FAO나 IAEA 같은 국제기구에서 적극 지원하고 있다.

그러나 후자인 GMO는 동일 생물의 유전자 풀을 벗어나 계(界)·문(門)·강(綱)·목(目)·과(科)·속(屬)·종(種)의 서로 다른 생물의 유전자를 교환하는 기술이다. 즉, 생물의 종 내 유전자 변형이 아니고 미생물의 유전자를 고등 동식물에 주입하거나 반대로 고등 동식물의 유전자를 미생물에 주입하는 기술로 광범위한 유전자 교환이라고 할 수 있다. 자연에서는 결코 있을 수 없는 현상이다. 심지어 인공적으로 합성한 유전자를 대상 생물에 주입하는 연구도 진행되고 있다. 이처럼 외래 유전자가 주입된 생물체가 후손으로 유전된다는 점에서 이 방법으로 형질 전환된 생물체는 GMO로 분류되어 안전성과 환경 영향에 관한 엄격한 규제와 관리의 대상이 되고 있다. 이런 까닭에 세계 각국의 연구 기관에서 수많은 GMO 생물을 만들었고 또한 계속 만들고 있으나 상용화된 종목은 매우 한정적이다.

그런데 최근 유전자 가위(CRISPR : Clustered Regularly Inter-spaced Short Palindromic Repeats)라는 신기술이 등장하여 각광을 받고 있다. 이 기술은 표적 DNA만을 절단해서 제거하는 특성을 지니고 있어 원하는 단점 형질의 유전자를 제거하는 기술로서 기존의 돌연변이를 만드는 방식처럼 동일 종의 유전자 풀에서만 가능하기 때문에 GMO 규제에서 벗어날 수 있게 되었다.

유전 공학 분야의 떠오르는 기술인 유전자 가위 기술(CRISPR)은 가위라는 이름처럼 동식물 유전자에 결합해 특정 DNA 부위를 자르는 데 사용하는 인공 효소이자 유전자 교정 기술이다. 유전자 가위 기술은 DNA의 특정 서열을 제거·수정할 수 있다. 높은 정확도와 효율을 가진 제3세대 유전자 가위 크리스퍼(CRISPR/CAS-9)가 개발되어 해당 연구에 불을 붙였다. 크리스퍼는 교정 대상을 찾아

내는 가이드 RNA와 해당 부분을 잘라 내는 CAS-9 단백질 효소로 이루어져 있다. 크리스퍼는 외부 침입자에 대한 정보를 기억하여 빠르게 제거하는 박테리아의 원리를 이용한 기술이다. 결점 유전자 하나를 잘라 내고 새로 바꾸는 데 수개월에서 수년씩 걸리던 것이 크리스퍼를 통해 며칠이면 되고, 한 번에 여러 군데의 유전자를 동시에 교정할 수도 있다. 유전자 가위가 연구되는 대표적인 곳은 신약 개발 분야다. 피가 멎지 않는 희귀병인 혈우병은 유전자 염기 서열이 거꾸로 놓여 있는 돌연변이로 발생하는데, 혈우병에 걸린 사람의 세포로부터 역분화 줄기 세포(iPS)를 만든 뒤 혈우병을 일으키는 원인 유전자를 유전자 가위로 제거하고 정상적인 세포로 분화시켜 혈우병에 걸린 쥐에 이식해 치료하는 데 성공했다. 또한 에이즈 바이러스의 감염 경로인 혈액 세포 유전자(CCR5)를 제거하는 방식으로 에이즈 치료의 가능성을 확인했다. 아직 장기간 추적 관찰 연구가 필요한 단계지만 치료법이 상용화되면 평생 약을 복용해야 하는 에이즈 환자의 치료는 물론 경제적 부담도 줄어들 전망이다. 유전자 가위 기술은 농업, 축산업 등에서 동식물의 품질을 개량할 수 있어 농축산업의 발전과 함께 미래의 식량난을 해결하는 새로운 방법으로 주목받고 있다.

자연에서 발생하는 자연돌연변이는 백만 분의 하나꼴로 발생하지만 인간이 과학의 힘으로 만드는 인위돌연변이는 단 몇 천 개 중의 하나꼴로 만들어지기 때문에 발생 빈도 면에서 비교가 안 된다. 다시 말하면 자연돌연변이는 백만 년에 하나꼴로 발생하는데 비해 인위돌연변이는 1~2년 만에 만들 수 있으니 자연돌연변이와 비교해서 급속도로 진행되고 있어 자연돌연변이를 능가할 수 있는 현실이 된 것이다.

제 12장

종교와 다윈의 진화론

과학과 종교는 역사를 통해 살펴보면 다양한 형태를 가져왔으며 대립적 관계를 형성했던 것으로 비춰진다. 종교는 믿음으로써 사실들을 검증하려 하지만 과학은 증거에 입각하여 사실을 입증하려 하기 때문에 어찌 보면 대립적 관계에 설 수도 있고 상호보완적 관계에도 설 수 있지만 역사적으로 양측은 상호보완적 관계보다는 대립적 관계가 많았다고 볼 수 있다.

 과학과 종교 사이에는 오랜 기간 상충되는 사건들이 많았다. 대표적인 것이 갈릴레오 갈릴레이(Galileo Galilei)의 지동설이다. 1612년 갈릴레오의 우주의 태양 중심 이론에 대하여 로마 가톨릭 교회는 갈릴레오의 이론들은 위험하며 이단에 가깝다고 주장하였고 결국 갈릴레오는 로마의 신성 재판소에 설 것을 명령받았다. 가톨릭 교회의 단죄에 따라 갈릴레오는 가택 연금에 처해졌으며 행동도 제한되었다. 갈릴레오가 재판소에서 나오면서 "그래도 지구는 도는데"라고 중얼거렸다는 유명한 일화가 있다.

 진화론 역시 교회와의 마찰은 피할 수 없었다. 다윈이 종의 기원에 대한 원고를 완성하고도 한동안 출판하지 않고 망설이다가 부인 엠마의 간곡한 요청으로 출판하게 된 것을 보더라도 다윈이 교회와의 마찰을 얼마나 염려했는지 짐작할 수 있다.

 진화론과 창조론은 현재에도 대립하고 있는 실정이다. 1996년 요한 바오로 2세 교황이 교황청에서 진화론을 인정한다는 담화문을 발표하기 전까지 창조론을 주장하는 한국창조과학회가 과학 기술의 메카라 할 수 있는 대전 한국과학기술원(KAIST) 내에 있었다.

그처럼 현재까지도 진화론에 대한 인식은 보편화되지 못하고 있다. 물론 진화론에서도 생명체의 최초의 탄생에 대한 완전한 해답을 얻지 못하고 있어 인간의 한계가 있음을 시인하지 않을 수 없다. 여기에 요한 바오로 2세 교황의 담화문을 소개한다.

교황청 과학원 총회에 보낸
교황 요한 바오로 2세 성하의 담화(1996년 10월 22일)
교황 요한 바오로 2세

주제 : 생명의 기원과 진화

교황청 과학원 총회에 참석한 회원들에게.

교황청 과학원 총회를 맞이하여 과학원 원장님과 모든 회원 여러분에게 진심에서 우러나오는 인사를 드리는 것이 저의 커다란 기쁨입니다. 특히 처음으로 여러분의 활동에 동참하게 된 새 과학원 회원들에게 축하 인사를 드립니다. 또한 지난해에 세상을 떠난 과학원 회원들을 기억하며 생명의 주님께 그분들을 맡겨 드립니다.

1. 과학원 재설립 60주년을 경축하면서, 저는 선임자이신 비오 11세의 의도를 상기시켜 드리고자 합니다. 비오 11세는 일단

의 학자들을 선발하여 가까이 두고 그들이 완전히 자유롭게 과학 연구의 발전에 관한 정보를 성좌에 제공하도록 하였으며, 그렇게 하여 자신의 성찰에 도움을 받고자 하였습니다. 비오 11세는 그들을 교회의 '과학 원로(senatus scientificus)'라고 부르며 그들에게 진리에 봉사하도록 요청하였습니다. 저는 오늘 다시 여러분에게 이와 똑같은 권유를 드리고자 합니다. 분명히 우리는 교회와 과학의 신뢰 어린 대화에서 풍성한 열매를 거둘 수 있습니다(1986년 10월 28일에 교황청 과학원에서 한 연설, 1항, 로세르바토레 로마노, 1986년 11월 24일자, 영어판, 22면 참조).

2. **제삼천년기의 여명에 선 과학.** 저는 여러분이 선정한 첫째 주제, 곧 생명의 기원과 진화라는 주제가 마음에 듭니다. 이것은 교회가 깊은 관심을 가지고 있는 중요한 주제입니다. 왜냐하면 계시 또한 인간의 본성과 기원에 관한 가르침을 담고 있기 때문입니다. 여러 과학 분야에서 이끌어 낸 결론이 계시의 메시지에 담긴 내용과 얼마나 일치하고 있습니까? 첫눈에 보아 명백한 모순이 있다면, 어떠한 방향에서 그 해결책을 찾아야 하겠습니까? 실제로, 진리는 진리와 모순될 수 없다는 것을 우리는 압니다(레오 13세, 회칙 Providentissimus Deus 참조). 더욱이 16세기부터 18세기에 이르는 과학과 교회의 관계에 대한 여러분의 연구는 역사적 진실을 더욱 분명히 밝히는 데에 매우 중요한 일입니다. 이번 총회에서 여러분은 과학으로 야기되고 인류의 미래에 영향을 미칠 주요 문제들의 규명을 비롯 '제삼천년기의 여명에 선 과학에 대한 성찰'을 하고 있습니다. 이러한 성찰로 여러분은 온 인

류 공동체에 도움이 될 해결의 길을 모색할 것입니다. 자연의 무생물계와 생물계에서 과학의 발전과 그 적용은 새로운 문제를 불러일으키고 있습니다. 교회가 문제의 본질적인 측면을 더 잘 인식할수록 교회는 그 영향을 더 잘 파악할 수 있습니다. 그렇게 하여 교회는 자신의 고유한 사명에 따라, 전인적 구원을 위하여 모든 인간에게 요구되는 도덕적 행위에 대한 판단 기준을 제시할 수 있습니다.

3. 생명의 기원과 진화라는 주제와 특별히 관련되는 몇 가지 고찰을 여러분에게 말씀드리기 전에, 저는 교회의 교도권이 자기 권한의 테두리 안에서 그 문제들에 대하여 이미 발언을 해 왔다는 사실을 상기시켜 드리고자 합니다. 저는 여기서 두 가지 발언을 인용하겠습니다. 저의 선임자 비오 12세는 회칙 Humani Generis(1950)에서, 몇 가지 분명한 점만 잊어버리지 않는다면, 인간과 인간의 소명에 대한 신앙 교리와 진화 사이에는 아무런 대립도 없다고 이미 언명하였습니다(AAS 42[1950], 575-576면 참조). 저도 1992년 10월 31일 과학원 총회 참가자들을 접견하는 기회에, 갈릴레오와 관련하여, 영감을 받은 말씀에 대한 올바른 해석을 위하여 엄격한 해석학의 필요성에 관심을 촉구하였습니다. 성경의 고유한 의미를 분명히 밝혀, 성경이 본래 말하려고 했던 의도와는 다른 부당한 해석을 피하여야 할 것입니다. **주석가와 신학자들이 자기 분야의 연구를 제대로 서술하려면, 자연 과학이 성취한 연구 결과들을 잘 알고 있어야 합니다**(1993년 4월 23일 「교회 안의 성서 해석」[AAS 86〈1994〉, 232-243면]이라는 문서를

발표하면서 교황청 성서위원회에서 한 연설, AAS 85〈1993〉, 764-772
면 참조).

4. **진화와 교회의 교도권.** 회칙 Humani Generis는 신학의
고유한 요구뿐만 아니라 당시의 과학적 연구 상황을 참작하여
'진화론'이라는 이론을 거기에 반대되는 가설과 동등하게 깊이
있는 연구와 조사를 할 가치가 있는 하나의 진지한 가설로 여겼
습니다. 비오 12세는 두 가지 방법론적 조건을 덧붙였습니다. 곧
그것이 마치 확실히 입증된 이론인 것처럼, 또 그 이론이 제기하
는 문제들에서 계시를 완전히 제외시킬 수 있는 것처럼 여기는
견해를 받아들여서는 안 된다는 것입니다. 비오 12세는 또한 이
견해가 그리스도교 신앙과 양립할 수 있는 조건을 분명하게 밝
혔습니다. 이 점에 대해서는 다시 말씀드리겠습니다.

그 회칙이 발표된 지 거의 반세기가 지난 오늘날, 새로운 지식
은 진화론에서 하나의 가설 이상의 것을 인정하게 되었습니다.
실로 주목할 만한 사실은 여러 학문 분야의 잇따른 발견으로 연
구가들이 점차 이 이론을 받아들이고 있다는 것입니다. 어떤 고
의적인 노력이나 조작도 없이 각기 독자적으로 이루어진 연구 결
과들이 하나로 모이는 수렴 그 자체가 이 이론을 위한 중요한 논
거가 되고 있습니다.

이와 같은 이론의 중요성은 무엇입니까?이러한 물음을 제기하
는 것은 곧 인식론의 분야로 들어가는 것입니다. 하나의 이론을
세우는 것은 과학을 넘어서는 작업입니다. 관찰 결과들과는 구
별되지만 거기에 부합하는 동질의 작업입니다. 이러한 노력으로

일련의 개별적인 자료들과 사실들을 연관 지을 수 있고 통합적인 설명으로 해석할 수 있습니다. 이론은 검증될 수 있느냐 없느냐 하는 척도로 그 타당성을 증명하고, 사실들에 비추어 끊임없이 검증을 받습니다. 한 이론이 사실들을 더 이상 설명할 수 없게 되면 그 이론의 한계와 부적합성이 드러납니다. 그러면 그 이론은 재고되어야 합니다. 더욱이 진화의 이론과 같은 이론 정립은 관찰 자료와 부합되어야 한다는 요구를 따르면서도 자연 철학의 일부 개념들을 빌려다 쓰고 있습니다. 그리고 제대로 말을 하자면, 우리는 진화론이라고 하기보다는 진화에 관한 이론들이라고 말하여야 합니다. 이러한 다수의 이론들은 한편으로 진화 과정을 제시하는 다양한 설명들을 가리키는 것이고, 다른 한편으로는 그 바탕에 깔린 다양한 철학들을 말하는 것입니다. 거기에는 또한 유물론적, 환원론적, 관념론적 해석들이 있습니다. 여기에서 철학의 고유한 역할, 또 철학을 넘어 신학의 역할이 판단되는 것입니다.

5. 교회의 교도권은 진화의 문제에 직접적인 관심을 가지고 있습니다. 거기에는 인간에 대한 개념이 포함되어 있기 때문입니다. 계시는 인간이 하느님을 닮은 모습으로 창조되었다고 우리에게 가르쳐 줍니다(창세 1, 27-29 참조). 공의회의 사목 헌장 '기쁨과 희망(Gaudium et spes)'은 그리스도교 사상의 중추가 되는 이 교리를 매우 훌륭하게 제시하였습니다. 사목 헌장은 인간이 '이 지상에서 그 자체를 위하여 하느님께서 원하신 유일한 피조물(24항)'임을 상기시키고 있습니다. 다시 말하여 개개의 인간은

그 종(種)에든 사회에든 단순한 수단이나 도구로 종속될 수 없습니다. 개개의 인간은 그 자체로(per se) 가치를 지니고 있습니다. 인간은 하나의 인격입니다. 지성과 의지를 지닌 인간은 그 동종들과 친교와 유대를 이루고 자기 증여의 관계를 맺을 수 있습니다. 성 토마스는 인간은 특히 그 사변적인 지성에서 하느님과 닮았다고 말합니다. 왜냐하면 인간이 인식의 대상과 맺는 관계는 하느님께서 당신의 피조물과 맺으시는 관계와 유사하기 때문입니다(「신학대전」, I-II, q.3, a.5, ad 1). 그러나 더 나아가 인간은 바로 하느님과 더불어 인식과 사랑의 관계를 맺도록 부르심을 받았습니다. 시간을 넘어 영원 속에서 충만한 완성이 이루어질 관계입니다. 참으로 심오하고 위대한 이 소명은 부활하신 그리스도의 신비 안에서 우리에게 계시됩니다(사목 헌장, 22항 참조). 인간 전체가 육체 안에서까지 그러한 존엄성을 지니는 것은 바로 영혼 때문입니다. 비오 12세는 이 본질적인 점, 곧 인간의 육체가 그 이전의 생물체에 기원을 두고 있다 하더라도 그 영혼은 하느님께서 직접 창조하신 것이라고 강조하였습니다(animas enim a Deo immediate creari catholica fides nos retinere iubet : 회칙 Humani generis : AAS 42[1950], 575면). 따라서 진화의 이론들에 영감을 준 철학들에 따라, 인간 정신을 생물체의 힘에서 떠오르는 것으로 또는 생물체의 단순한 부수 현상으로 여기는 진화론들은 인간에 대한 진리와 양립할 수 없습니다. 그러한 이론들은 또한 인간 존엄성의 근거가 될 수 없습니다.

6. 인간을 두고, 우리는 존재론적 단계의 차이, 존재론적 도약

앞에 서 있는 우리 자신을 찾아낸다고 말할 수 있을 것입니다. 그러나 그러한 존재론적 불연속성에 대한 주장은 물리학과 화학 분야에서 진화 연구의 주요 실마리가 되는 듯한 물리적 연속성과 반대되는 것이 아닙니까? 다양한 학문 분야에서 활용되는 방법을 숙고하면 양립될 수 없을 것 같은 두 가지 관점을 합치시킬 수 있습니다. 관찰의 과학들은 생명의 다양한 출현을 더욱더 정확하게 측정하고 진술하여 그것들을 시간선상에 기록합니다. 영적 존재로 이행하는 순간이 이러한 관찰의 대상이 될 수는 없습니다. 그렇지만 이러한 종류의 관찰은 실험적인 차원에서 인간 존재의 특수성을 나타내는 매우 귀중한 일련의 표징들을 찾아낼 수 있습니다. 그러나 형이상학적 인식의 경험, 자아 인식과 자기 반성의 체험, 도덕적 양심과 자유의 경험, 또는 심미적 종교적 체험 등은 철학적 분석과 성찰의 영역에 속하는 반면, 신학은 창조주 하느님의 계획에 따라 그 궁극적 의미를 이끌어 냅니다.

우리는 영원한 생명으로 부름받았습니다.

7. 결론으로, 저는 생물체의 기원과 발전에 관한 여러분의 연구 지평에 드높은 빛을 비추어 줄 수 있는 복음의 진리를 상기시켜 드리고자 합니다. 성경은 실제로 생명에 대한 놀라운 가르침을 담고 있습니다. 성경은 우리에게 드높은 실존 형태를 보여 주는 생명을 제시할 뿐만 아니라 생명에 대한 지혜의 시각을 줍니다. 이러한 시각에 따라 저는 바로 「생명의 복음(Evangelium Vitae)」이라고 한 회칙을 인간 생명의 존중에 봉헌하였습니다. 요한복음에서 생명은 그리스도께서 우리에게 전해 주시는 하느님

의 빛을 가리킨다는 사실은 의미심장합니다. 우리는 영원한 생명으로, 곧 하느님의 영원한 참 행복으로 들어가도록 부름받고 있습니다. 우리를 위협하는 커다란 유혹을 우리에게 경고하시고자 우리 주님께서는 신명기의 위대한 말씀을 인용하십니다. "사람은 빵만으로 살지 않고 하느님의 입에서 나오는 모든 말씀으로 산다(신명 8, 3 ; 마태 4, 4)" 더욱이 '생명'은 성경이 하느님께 돌리는 가장 아름다운 칭호들 가운데 하나입니다. 그분은 살아 계신 하느님이십니다. 여러분과 여러분 가까이에 계신 모든 분에게 하느님의 풍성한 강복을 진심으로 기원합니다.

바티칸에서, 1996년 10월 22일

교황 요한 바오로 2세

** 원문 : Jean Paul II, Message C'est avec un grand plaisir aux Membres de l'Academie Pontificale de Sciences reunis en Assemblee pleniere, 24 octobre 1996: AAS 89(1997), pp.186–190: L'Eglise devant les recherches sur l'origine de la vie et son evolution, Enchiridion Vaticanum 15, pp.542–553; Message to Pontifical Academy of Sciences, Magisterium is concerned with question of evolution, for it involves conception of man, 로세르바토레 로마노, 1996.10.30., n.44. p.3.7.

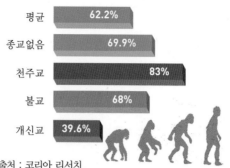

출처 : 코리아 리서치.
전 국민 19세 이상 성인 남녀 500명 95% 신뢰 수준 ±4.4%

그림 12-1 한국인의 종교별 진화론을 믿는 정도

종교별 진화론을 믿는 정도를 한국인 성인을 대상으로 조사한 결과는 그림 12-1과 같다. 천주교가 진화론을 믿는 비율이 83%로 가장 높게 나타났고 다음이 불교가 68%이고 개신교가 39.6%로 가장 낮았다. 미국인의 종교별 진화론 수용 정도를 조사한 것은 표 12-1과 같이 불교가 81%로 가장 높고 다음이 힌두교 80%, 유대교 77%, 가톨릭교회 58%, 이슬람교 45%, 여호와의 증인이 8%로 가장 낮았다.

표 12-1 미국인의 종교에 따른 진화 이론의 수용 정도

불교	힌두교	유대교	무종교	가톨릭교회	동방정교회	주요개신교	이슬람교	흑인개신교	복음주의개신교	몰몬교	여호와의 증인
81%	80%	77%	72%	58%	54%	51%	45%	38%	24%	22%	8%

출처 : U.S. Religious Landscape Survey(2008년 6월)

1장

- Bernstein, H ; Bernstein, C . BioScience 60 (7) : 498-505. 2010.
- Church K, Wimber DE. Can. J. Genet. Cytol. 11 (1) : 209-16. 1969.
- Dangel, NJ ; Knoll, A ; Puchta, H. Plant J 78 (5) : 822-33. 2014.
- Esposito, M. Proceedings of the National Academy of Sciences of the USA 75 (9) : 4436-4440. 1978.
- Creighton H, McClintock B . Proc Natl Acad Sci USA 17 (8) : 492-7. 1931.
- J Westerman M. Heredity 27 (1) : 83-91. 1971.
- Keeney, S. Cell 88 : 375. 1997.
- Krishnaprasad GN, Anand MT, Lin G, Tekkedil MM, Steinmetz LM, Nishant KT. Genetics 199 (2) : 399-412. 2015.
- Molecular and cellular biology 25 (11) : 4377-87. 2005.
- Puchta, Holger. Journal of Experimental Botany 56 (409) : 1-14. 2005.
- Sauvageau, S ; Stasiak, Az ; Banville, I ; Ploquin, M ; Stasiak, A ; Masson, Jy. Molecular and Cellular Biology 25 (11) : 4377-87. Jun 2005.
- Smith, George P. Science 191 (4227) : 528-535. 1976.
- Steinboeck, F. Mutat Res 688 (1-2) : 47-52. 2010.
- Surtees, J. A., J.A. ; Argueso, J.L. ; Alani, E.. Cytogenetic and Genome Research 10 7 : 146-59. 2004.
- Sauvageau, S., Stasiak, Az., Banville, I., Ploquin, M., Stasiak, A., Masson, Jy.,
- http://www.ncbi.nlm.nih.gov/books/NBK21438/
- 이기적 유전자, 리처드 도킨스 지음, 홍영남, 이상임 옮김
- 센스 앤 넌센스, 캐빈 랠러드, 길리언 부라운, 양병찬 옮김

2장

- Andrea Gallavotti1, Qiong Zhao, Junko Kyozuka, Robert B. Meeley, Matthew K.Ritter, John F. Doebley, M. Enrico Pe & Robert J. Schmidt, Nature 432, 630-635, 2004.
- https://ko.wikipedia.org/wiki/
- https://www.koreabreedjournal.org/journal/article.php
- 네이처 커뮤니케이션즈(Nature Communications) 5월 17일
- Proc. Natl. Acad. Sci. U. S. A. 1998 Jul. 7;95(14) : 8130-4.

- 연합뉴스 2016.05.18 ⓒ Science Times
- 동아사이언스 2002년 02월 16일 기사
- 임동욱 2011.10.17 ⓒ Science Times
- 센스 앤 넌센스, 캐빈 랠러드, 길리언 부라운, 양병찬 옮김

3장

- Barton DE, Kwon BS, Francke U. Genomics 3 (1) : 17-24. 1988.
- Carroll S. B., Nature 376 (6540) : 479-85. 1995.
- Duncan I., Genetics 21, 285-319. 1987.
- Chang TS. International Journal of Molecular Sciences 10 (6) : 2440-75. 2009.
- Jaenicke E, Decker H. The Biochemical Journal 371 (Pt 2) : 515-23. 2003.
- Kim YJ, Uyama H. Cellular and Molecular Life Sciences 62 (15) : 1707-23. 2005.
- Kwon BS, Haq AK, Pomerantz SH. Halaban R. Proc Natl Acad Sci U S A. 84 (21) : 7473-7. 1987.
- Lewis E. B., Journal of the American Medical Association 292 154-31. 1992.
- McGinnis W., R. Krumlauf. Cell 68 (2) : 283-302. 1992.
- 센스 앤 넌센스, 캐빈 랠러드, 길리언 부라운, 양병찬 옮김

4장

- Nisbet, E. G. et al, Nature, 2001, 409(6823).
- Leslie, M., Science, 2009, 323(5919) 1286-1287.
- Vasas, V. et al, Proceedings of the National Academy of Sciences, 2010, 107(4) : 1470-1475.
- A. Lazcano, J. L. Bada, Origins of Life and Evolution of Biospheres, 2004, 33(6) 235-242.
- Szathmary, E., Nature, 2005, 433(7025) 469-470.
- Joyce, G.F., Nature, 2002, 418(6894) 214-221.
- Orgel, L., Science, 2000, 290(5495) 1306-1307.
- Penny, David, Current Opinions in Genetics and Development, 1999, 9(6) 672-677.
- Wikipedia

5장

- Maher, Kevin A. ; Stephenson, David J. Nature 331 (6157) : 612-614. 1988.
- Miller, Stanley L., Science 117 : 528-529. 1992. 1953.
- Mojzis S. J. et al. Nature 384 (6604) : 55-59. 1996..

- Mulkidjanian A.Y. Proc Natl Acad Sci U S A. 109 (14) E821-E830. 2012.
- Lazcano, A., Miller S.L., Journal of Molecular Evolution 39 : 546-554. 1994.
- Schopf J.W. et al. Nature 416 (6876) : 73-6. 2002.
- Steel, Mike & Penny, David . Nature 465 (7295) : 168-9. 2010.
- Wilde S. A. et al. Nature 409 (6817) : 175-8. 2001.
- 이보디보, 션 B 캐럴 지음, 김명남 옮김
- 센스 앤 넌센스, 캐빈 랠러드, 길리언 부라운, 양병찬 옮김

6장

- http://www.evolutionpages.com/chromosome_2.htm
- Human Chromosome 2 is a fusion of two ancestral chromosomes
- http://www.ncbi.nlm.nih.gov/pmc/articles/PMC52649/pdf/pnas01070-0197.pdf
- Origin of human chromosome 2 : an ancestral telomere-telomere fusion
- 인간 2번 염색체에 관한 침팬지 염색체 동원체 융합 논문, KISTI의 과학향기
- 센스 앤 넌센스, 캐빈 랠러드. 길리언 부라운, 양병찬 옮김
- 적응과 자연 선택(1966), 조지 윌리엄스 George C. Williams
- 진화심리학, 데이비드 버스

8장

- Joint FAO/IAEA Programme Nuclear Techniques in Food and Agriculture
- D.S. Kim, I.S. Lee, C.S. Jang, D.Y. Hyun, Y.W. Seo, Y.I. Lee, Euphytica 135 : 9-19, 2004, SCI
- D.S. Kim, I.S. Lee, C.S. Jang, S.Y. Kang, H.S. Song, Y.I. Lee, Y.W. Plant Cell Rep 23 : 71-80, 2004, SCI
- Dong Sub Kim, In Sok Lee, Cheol Jang, Sang Jae Lee, Hi Sup Song. Young Il Lee, Yong Weon Seo, Plant Science 167 : 305-316, 2004, SCI
- In Sok Lee, Dong Sub Kim,sang Jae Lee, Hi Sup Song, Yong Pyo Im and Young Il Lee, Breeding Science 53 : 313-318, 2003, SCI
- IN SOK LEE, DONG SUB KIM, YONG PYO LIM, KYU SEONG LEE, HI SUP SONG and YOUNG IL LEE, SABRAO Journal of Breedidng and Genetics 35(2) : 93-102, 2003.
- Lee Y I, Lee IS, Kim DS, Kim JK, Shin IC, Lim YP, Proc. Asia-Pacific Sym. on Nuclear Biotechnology pp 63-73, 2000.

- Lee Y I, Kim DS, Lee IS, Lee SJ, Seo YW, Proc. Asia-Pacific Sym. on Nuclear Biotechnology 74-84, 2000.
- 이영일(Young Il Lee), 신인철(In Chul Shin), 이인석(In Suk Lee), 김동섭(Dong Sub Kim) 한국육종학회지 31(2) : 110-113, 1999.
- 이영일(Young Il Lee), 이은경(Eun Kyung Lee), 이영복(Young Bok Lee) 한국육종학회 | 한국육종학회지 30(2) : 95-98, 1998.
- ds.dongascience.com/index/download?board_table=board...board...

9장

- DeLisi, Charles. Nature455 (7215) : 876-877. 2008.
- Dulbecco, Renato. Science 231 (4742) : 1055-1056. 1986.
- Sinsheimer, Robert. Genomics 5 : 954-956. 1989.
- 이강봉 2016.05.18 ⓒ ScienceTimes
- 중점과학기술동향 - 유전자치료기술, KISTI, 2010.
- 김연수, 차세대신약기반 유전자치료 실용화를 위한 후속사업 도출 기획연구, 중간보고서, 2014.
- 2014년도 글로벌 프론티어사업 후보기술 기획보고서 - 미래맞춤형 유전자 세포치료원천 기술, 미래창조과학부, 2014.
- 유승신, 심혈관질환/망막질환 세포재생 유전자치료 기술개발사업 도출을 위한 기획연구 중간보고서, 2014.
- 우선희, 김현철, BT분야 이슈페이퍼(한국연구재단) - 차세대 심장기능 제어기술 2014.

10장

- Clin Chem Lab Med. 2012 Apr ; 50(4) : 721-5.
- Clin. Cancer Res. 12(2) : 447-53.
- Peng, J., Sun, E., Nevo, D., Molecular Breeding 28 (3) : 281-301. 2011.
- Proceedings of the National Academy of Sciences 96 (20) : 11531-6.
- Society for Science & the Public. Retrieved August 22, 2012.
- http://www.lgscience.co.kr/inform/sciencenews/
- http://www.nakos.co.kr
- http://home.freechal.com/lemonkim/
- http://www.kfri.go.kr
- http://www.sciencenews.org

- 한국과학기술정보연구원 2007.11.20 ⓒ Science Times
- 황정은, 2016.05.12 ⓒ ScienceTimes
- 이강봉, 2016.05.09 ⓒ ScienceTimes
- 김은준, 카오스재단 '뇌과학 강의' (8)

11장

- Lee In Sok, Dong Sub Kim, Sang Jae Lee, Hi Sup Song, Yong Pyo Im and Young Il Lee, Breeding Science 53 : 313–318, 2003, SCI
- Lee Y I, Lee IS, Kim DS, Kim JK, Shin IC, Lim YP, Proc. Asia-Pacific Sym. on Nuclear Biotechnology pp 63–73, 2000.
- Lee Y I, Kim DS, Lee IS, Lee SJ, Seo YW, Proc. Asia-Pacific Sym. on Nuclear Biotechnology 74–84, 2000.
- http://en.wikipedia.org/wiki/Extinction
- http://en.wikipedia.org/wiki/Pyrenean_ibex
- http://en.wikipedia.org/wiki/De-extinction
- http://en.wikipedia.org/wiki/Woolly_mammoth
- http://en.wikipedia.org/wiki/Passenger_Pigeon
- http://en.wikipedia.org/wiki/Aurochs
- http://news.hankooki.com/lpage/world/201304/h2013042621003822247 0.htm
- http://dinosaurs.about.com/od/dinosaurcontroversies/a/De-Extinction.htm
- http://i.telegraph.co.uk/multimedia/archive/01803/mam_1803099b.jpg
- Mutation breeding FAO/국제지원자력기구 Joint Div.
- 제인 구달, 희망의 자연, 사이언스북스, 2010.
- 눈먼시계, 리차드 도킨스 지음, 이용철 옮김
- 도덕적 동물, 로봇라이트 지음, 박연준 옮김
- 찰스 다윈의 비글호 항해기, 찰스 다윈, 권혜련 옮김

12장

- https://ko.wikipedia.org/wiki/진화이론의_사회적_영향
- https://www.pewforum.org/.../global-religious-landscape-e..
- https://www.bc.edu/.../Grim-globalReligion-full.pdf
- https://www.researchgate.net/.../261133608

돌연변이 세상을 바꾸다

2017년 2월 10일 1판 1쇄
2017년 8월 10일 1판 2쇄

편저자 : 이영일
펴낸이 : 이정일

펴낸곳 : 도서출판 **일진사**
www.iljinsa.com

04317 서울시 용산구 효창원로 64길 6
대표전화 : 704-1616, 팩스 : 715-3536
등록번호 : 제1979-000009호(1979.4.2)

값 13,000원

ISBN : 978-89-429-1508-8